JN171769

絵でわかる
An Illustrated Guide to Earthquake, Eruption, and Abnormal weather of the Japanese Islands
日本列島の地震・噴火・異常気象

藤岡達也 著
Fujioka Tatsuya

講談社

ブックデザイン｜安田あたる
カバー・本文イラスト｜カモシタ ハヤト

はじめに

　平成23年（2011年）3月11日に発生した東北地方太平洋沖地震によって、未曽有の大震災—東日本大震災—が引き起こされました。それ以降、自然災害に対する不安感や緊張感が高まっています。東日本大震災を含め、近年、毎年のように発生する自然災害に遭遇し、身体・精神的、経済的に大きなダメージを受けた方々には励ましの言葉さえ思い浮かびません。

　復興への模索が進む一方で、これらを教訓として、国・地方公共団体から、各地域・学校、家庭まで、予想される自然災害への防災や減災に多くの取り組みがなされるようになってきました。

　しかし、そもそも自然災害とは何でしょうか。また自然災害はどのようにして発生するのでしょうか。一口に自然災害と言っても様々な種類の災害があります。本書でも説明しますが、特に日本列島は、4枚のプレートが集中する場所であり、また、温帯モンスーンに属しているため、地震・津波、火山噴火による災害、台風・集中豪雨による河川氾濫、洪水、それに伴う地すべり・土石流・崖くずれなどの自然災害も多く発生します。上昇気流の発生は集中豪雨だけでなく、雷や突風、竜巻などとも関係します。また、太平洋側の人には意外かもしれませんが、日本列島は国土の50％以上が豪雪地帯であり、大雪に伴う災害も発生します。

　自然災害への対応は、近年になってから重視されるようになったわけではありません。物理学者でもあり、名随筆家でもあった寺田寅彦は、「日本人を日本人にしたのは、学校でも文部省でもなくて、神代から今日まで根気よく続けられて来たこの災難教育であったかもしれない。」（災難論考、昭和10年7月）と80年以上も前に述べています。確かに、自然災害によって大きな被害を受け、対応を講じてきたのは、今に始まったことではありません。本書でもその一部を紹介しますが、有史以来、多くの災害がこの国を繰り返し襲い、防災や復興に多くの労力と知恵が捧げられてきました。日本列島の自然災害の厳しさが逆に人々の忍耐力、勤勉さ、自然への畏敬と感謝の念につながり、今日の日本があるのかもしれません。

　一方で、災害の原因ともなる自然現象は、日本列島の豊かな資源のみなもとで

あり、そしてまた、美しい自然景観をつくり出してきました。鉱物資源・食糧資源からレジャー、観光資源にいたるまで多くの恵みを人々に与えてきたのも事実であり、さらに言えば、この自然環境が日本の文化や伝統に大きな影響を及ぼしたと言えるでしょう。最近では、世界で日本の自然景観や歴史景観が紹介され、日本は観光立国としても注目されるようになっています。

　本書では、日本列島で発生する種々の自然災害について、「絵でわかる」シリーズの趣旨にのっとって、そのもとになる自然現象の特色や発生のメカニズムをわかりやすく紹介します。さらに、これまで人間は自然に対してどのような働きかけや取り組みを重ね、その結果、どのように返ってきたり、次の時代に引き継がれたかなども紹介します。

　本書によって、読者の皆様が、自分たちの住む日本列島に興味が高まり、身近な地域で発生する自然災害についての理解が深まることの一助になることを期待しています。また、防災・減災への備えを一層意識することができましたら、著者にとって、これ以上の願いはありません。さらに、国際的に、持続可能な発展が求められる今日、自然と人間との関わり、人間と人間（社会）とのつながりを考えるきっかけになってもらえれば幸いです。

平成30年1月1日
滋賀大学大学院教授　藤岡達也

絵でわかる日本列島の地震・噴火・異常気象　目次

はじめに　iii

第1章　自然災害とは何か　1

1.1　自然現象と自然災害　3
　自然災害とは　3
　自然界のバランスと人間生活　4
1.2　自然災害の種類　6
1.3　自然と人間との関わり　8
　自然の恩恵　8
　自然現象理解の難しさ　8

第2章　日本列島の地下に潜む巨大なエネルギー　11

2.1　地震大国日本　13
　世界の地震分布　13
　プレートテクトニクスとプルームテクトニクス　14
2.2　動き続ける日本列島　17
　国内の地震分布と4プレートの衝突地帯　17
　地震の規模と活断層　20
　地震の揺れと緊急地震速報　23
　地震に関連した災害　27
　日本各地に存在する活断層　28
　構造線と活断層　32
2.3　日本海側に生じた地震・津波　35
　日本海中部地震と北海道南西沖地震　35
　日本海側に生じた昭和の大地震　38
　近年の日本海側に生じた大地震　41

2.4　太平洋側を周期的に襲う大津波　45
　　三陸を襲った明治以降の3度の地震津波　45
　　地震と津波　46
　　津波が急激に高くなる場所　46
　　河川を遡上する津波の怖さ　46
　　過去の南海トラフの津波（西日本大震災を想定する）　49
　　地球の反対側からの地震津波　49
2.5　火山噴火が作った列島の歴史　51
　　世界の火山分布　51
　　日本列島の特色と火山　55
　　昭和新山の記録と新たな火山島の出現　56
　　火山災害と火山の恩恵　58
　　近年の火山噴火による大惨事　59
　　近年の噴火災害（雲仙普賢岳）　60
　　日本でも無視できない海外での火山噴火　63
　　過去の火山噴火　64
　　噴火予知の難しさ　66

第3章　気象に関する自然災害 ―豪雨・豪雪・台風etc.　69

3.1　水害の原因となる日本列島の降水量　71
　　世界の大都市の降水量と日本各地の降水量　71
　　上昇気流と積乱雲　74
　　季節によって異なる降水量　77
　　線状降水帯と集中豪雨　81
3.2　台風の発生と地球温暖化の影響　82
　　台風の発生メカニズムと発達　82
　　台風の進行と日本への影響　83
　　台風の被害を拡大する高潮災害　84
　　地球温暖化による海面温度上昇　86
3.3　豪雪地帯が広がる日本列島　88

日本の面積の半分を占める豪雪地帯　88
　　　温帯日本での豪雪の原因　88
　　　雪崩の怖さ　93
　3.4　河川の氾濫と溢水　94
　　　外水被害と内水被害　94
　　　土砂災害も起こりやすい日本の河川の特性　95
　　　天井川と水害　97
　3.5　気象に関する様々な自然災害　99
　　　上昇気流と雷雲　99
　　　竜巻・突風のメカニズム　102
　　　干ばつの怖さ　104
　　　日照時間、放射冷却と霜　105
　　　様々な農業への影響　107
　　　濃霧　107
　　　フェーン現象による気温の上昇　107
　3.6　地球温暖化と気象災害の影響　109
　　　地球温暖化とは何か　109
　　　縄文海進時の地球温暖化　110
　　　地球は温暖化しているのか　110
　　　エルニーニョ現象とラニーニャ現象　112
　　　太陽活動と地球への影響　115
　3.7　土砂災害　116
　　　土石流　117
　　　地すべり　119
　　　崖くずれ　121
　　　中山間地の開発と斜面災害　123
　　　土砂災害に備える　125

第4章　自然災害の発生と人間社会への影響　129

　4.1　福島第一原子力発電所　131

福島第一原子力発電所事故　131
　　　原子力発電所の分布・立地状況と地質・地形　135
　4.2　**地震の後に発生する大火災**　137
　　　地震と火災との関係　137
　4.3　**歴史を変えた自然災害**　140
　　　神風神話の源流　140
　　　豊臣時代の2度の大地震　140
　　　阪神淡路大震災・東日本大震災と政権交代　141

第5章　自然災害の歴史性、国際性　143

　5.1　**日本における自然災害の歴史**　145
　　　稲作農業伝来と沖積平野の発達　145
　　　中世から近世への分離・分流工事　147
　　　明治期・お雇い外国人による治水事業　153
　　　高度経済成長期の水害と現在の治水　154
　5.2　**国連防災世界会議と日本の役割**　157
　　　国連防災10年と第1回国連防災世界会議　158
　　　第2回国連防災世界会議とESDの10年　158
　　　東日本大震災と第3回国連防災世界会議　158
　　　防災を通した日本の役割　161

おわりに　163
索引　167

An Illustrated Guide to Earthquake, Eruption,
and Abnormal Weather of the Japanese Islands

第 **1** 章

自然災害とは何か

三陸復興国立公園（浄土ヶ浜）

1.1 自然現象と自然災害

自然災害とは

　本書では、日本列島のおかれた自然環境やそこに生じる自然現象によって、人間や社会に影響を与える自然災害、そして、それが引き金となって発生する二次的な災害について紹介します。本書では、地震・津波、火山噴火、集中豪雨、豪雪などの災害をはじめとして、身近な自然現象と人間との関わりについても、できる限り具体的に取り上げます。

　そもそも、地震や津波、火山噴火、豪雨、洪水から崖崩れまで、それらは自然現象であり、それだけでは「災害」とはならないことを意識しておく必要があります。自然災害はそこに人がいたり、生活の場があってはじめて生じるものです。

　自然災害を知るには、まず災害の直接の原因となる自然現象のメカニズムを理解することが肝心です。本書では、さらに自然現象についての説明に加えて、なぜそれが災害となったのか、また災害となるのかについて、考察することも主な目的とします。純粋な自然のメカニズムだけではなく、人間活動と自然環境との関わりや、人間の自然に対する働きかけによる影響についても考えていきます。今日、防災教育が注目されていますが、それには、まず自然を知ること、と言って過言ではないでしょう。

　地震・津波や火山噴火、豪雨・洪水などの自然現象は、人類がこの地球上に現れる前から繰り返し発生していました。また、現在でも、無人島で火山爆発があったり、北極や南極などで地震が発生したとしても、人間に被害や損害がなければ、それらは自然災害とは言いません。たとえ生態系に大きな影響を与えたとしても、人間に関わりがない限り、災害とは見なされません。

　一方で、人間の自然への接近、開発や改変、さらには災害から逃れるための自然への働きかけそのもの、例えば堤防の構築など、が一層、被害を大きくしてしまうことがあります。かつて、物理学者・寺田寅彦は「文明が進めば進むほど天然の暴威による災害がその激烈の度を増す」と災害の本質を喝破しました。2011年東北地方太平洋沖地震では、東京電力福島第

一原子力発電所事故という科学技術とも関わった大災害が発生し、寺田の言葉をあらためて証明することになりました。

　災害には、後に述べるように自然災害と事故災害があります。事故災害は火災のように未然に防ぐことができるもの、つまり防災が可能なものもあります。一方で、地震や火山噴火などによる自然災害は、いくら人間が頑張って努力を積み重ねたとしても、自然現象そのものを止めることはできません。被害を少なくするような取り組み、つまり、減災が精一杯となります。阪神淡路大震災の発生以降、防災だけでなく、減災という言葉が使われるようになったのは、自然災害に対するこのような認識の変化があります。

　防災・減災には、建物の耐震構造を強化するなど、ハード面での取り組みは重要です。同時に法律、条令の整備や規制、さらには教育・啓発などのソフト面も不可欠となります。本書が、特に防災・減災に関する教育・啓発を促そうとしていることはお気づきのとおりです。自然災害が発生した時の迅速な判断と行動は不可欠です。しかし、それ以上に、被災懸念地域（過去に大きな自然災害があったり、近い将来に予想されたりする地域）では、事前の備えが必要となります。また、大規模な自然災害が発生した場合、復興やボランティアや支援のための教育も重要な意味があります。そのためにも被災懸念地域以外でも教育・啓発が必要なのです。

自然界のバランスと人間生活

　地球表面に起こる自然現象を、地球の内外から多角的に見てみましょう。みなさんご存知のように、地震や火山活動は地球内部のエネルギーが作り出しています。地球内部の活断層やプレートの動きによって、ある時は急激に、ある時は徐々に地殻変動が生じます。地震や火山の急激な働き、経年的な地殻変動などによって、地表面には凹凸が作られていると言ってよいでしょう。

　日本列島は、海を挟んで隣接するアジア大陸（ユーラシア大陸）の国々、例えば韓国や中国と比べて比較的新しい地質時代に形成されました。そのために地表面には、活発な地殻変動によって、凹凸をした地形、いわば皺ができています。一方、大陸に存在する形成時期が億年単位の古い地表面は、著しい地殻変動は収まり長年にわたって侵食や風化などの作用を受け、

なだらかな地形となっており、極端な凹凸はあまりありません（若いほど地表面に皺ができるというのは、人間とは逆ですね）。

同時に、日本列島の地表面は降水などによって、常に侵食作用を受けています。これらの根本的なエネルギー源は太陽であり、いわば太陽エネルギーによる水の循環が地球、ひいては日本列島に多量の雨を降らせていると言えます。河川の洪水や氾濫、さらには地すべり、崖崩れなどは、地表面をなだらかにする役割を果たします。日本列島は世界でも年間を通して、最も降水量の多い国の1つです。

日本列島は、世界の中でも地殻変動が著しく、地表面の凹凸が著しい珍しい土地です。同時に多量の降水によって、地表面をなだらかにしようとする働きも非常に強い土地と言えるでしょう。それらが絶妙にバランスをとって地表面の状況を保っています。典型的な例としては、日本の山岳地帯は降水量が多いのにもかかわらずその高さを保っていることが挙げられます。これは、著しい隆起運動との釣り合いの結果です。

私たちは、そのような自然状況におかれた日本列島という危険極まりないところの、わずかの安全の土地で暮らしているのですから、常に災害に

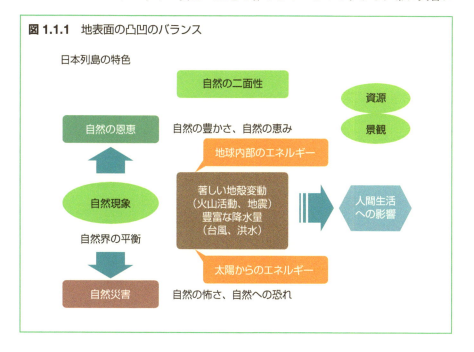

図1.1.1　地表面の凸凹のバランス

備えて生活を送る必要があるのです。

　さきほども少し述べましたが、世界の各地域の地質・岩石が形成された時期は同じではありません。地球そのものは、同じ年代を経て現在に至っていますが、地域や場所によっては、特定の限られた時代の地質しか見られません。と言うより、それが一般的です。地球を構成する岩石も、火山活動によって地表面に現れてできたもの（玄武岩、安山岩などの火山岩）と、地下深部でマグマがゆっくりと冷えてできたもの（花こう岩、斑れい岩などの深成岩）があります。中には、海底火山の噴火によって噴出したものが固まってできたものもあります。また、放散虫やサンゴの死骸や火山灰が海中に堆積し、長時間かけて石化した岩石もあります。さらに、一度できた岩石が地球内部の強い圧力や熱によって変化し、新たな岩石が生成するなど、地表を作る岩石の成因は様々です。

　岩石や地質だけでなく、世界各地の地形、気象（大気の状態）、気候（1年の天気）、水文（水の循環）の状況は全く異なっています。狭い日本列島の中においても同じことが言えます。そのため、地域に発生する自然災害の原因となる自然現象そのものが大きく違っています。

1.2　自然災害の種類

　多くの自然災害をどのように分類するかについては、研究者や専門家によって、若干異なっています。本書では国の防災基本計画で使われている名称などを、**図1.2.1**の分類をもとにして紹介します。

　まず、災害は自然災害と事故災害の2つに大別することができます。

　事故災害には、火事災害（火災）と原子力災害とがあります。ただし、これら事故災害も自然災害と無関係というわけではありません。大地震が起こった後では、火災が発生することが一般的ですし、火山噴火の時に、森林火災が発生することもあります。地震が原因で放射線が発電所から漏れ出す原子力災害事故もあります。福島第一原子力発電所事故では、地震後の大津波によって電源を失い、それが原子力発電所事故へとつながりました。本書では、事故災害に関しても、自然現象が引き金となった災害については少し触れてみたいと思います。

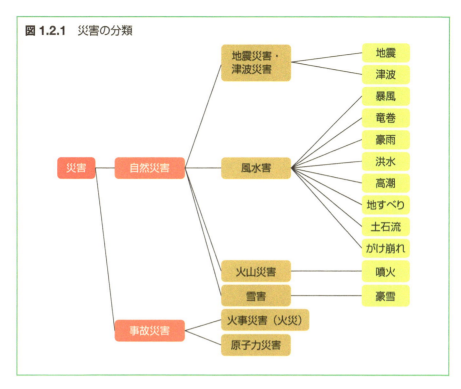

図 1.2.1　災害の分類

　一方、自然災害は、地震や津波、風水害（集中豪雨・台風、高潮、豪雪などの気象災害だけでなく、地すべり・崖くずれ・土石流などのいわゆる土砂災害も含む）などが該当します。竜巻や突風、雷なども風水害に含まれます。活火山が存在する地域では、時々、爆発や噴火による災害なども発生することがあります。

　これらは、日本列島のどこでも発生する災害もありますし、限られた地域のみに発生する災害もあります。1つの都道府県の中でさえ、発生する可能性が高い地域と低い地域とがあります。発生しやすい時期、そうでない時期もあります。

　身近な地域に生じる可能性の高い自然災害については、過去の教訓も踏まえて、そのメカニズムをしっかりと理解しておくことが、現在や将来への備えにつながります。

　同時に、人間の移動の著しい現代、自然災害が発生した時に、私たちはどこにいるかわかりません。日本列島に住んでいる限り、国内に発生する

可能性のある自然災害を知っておく必要があります。例えば、日本列島には海に面していない県や地域もありますし、活火山が存在しない県や地域もあります。しかし、地域にないからといって知らなくてよいことにはなりません。次世代の子どもにとってはなおさらです。

　また、自然災害が発生した時、自分や自分の住んでいる地域はその自然災害に遭わなかったとしても、被災地域のボランティア活動への理解を示したり、復興に向けて支援・協力することも重要なことです。そのためには、自然災害が生じた被災地の理解も欠かせません。

1.3 自然と人間との関わり

自然の恩恵

　大きな自然災害が発生すると、私たちは、自然の甚大なエネルギーなど、その脅威をあらためて思い知ることになります。しかし、自然は私たちに大きな恩恵を与えていることも忘れることはできません。食料やエネルギーなどの物質的な資源だけでなく、スキーや登山、温泉などのレジャー、国立・国定公園やジオパークなどの観光資源など、精神的にも様々な恵みを受けています。

自然現象理解の難しさ

　自然災害に備えるためには、まず自然現象を知ることが重要だと述べました。しかし、自然現象を知ることは、決して簡単なことではありません。確かに、自然科学は確実に進歩してきました。科学技術の発達により、様々な観測や測定も可能になり、スーパーコンピューターによるビッグデータサイエンスという学問も誕生しました。それでもなお、自然現象には解明できないことが多々あります。

　その理由の1つには、地球の時間、空間的スケールが大き過ぎることが挙げられます。これとも関連して、自然科学の中でも、地球に関する現象の再現が極めて困難であることも理由です。ほとんどの自然景観は、人間が地球上に存在しなかった時代に形成されたものであり、解明できたこと

も多くありますが、依然として仮説の域を出ないことも珍しくありません。

　近年、医学の発展は著しく、人間の身体の中の状況も MRI 検査（磁気共鳴画像診断；強力な磁場と電波を利用して体内の状態を撮影する検査）などで、外からわかる技術も進んでいます。しかし、地球の内部に関しては、どうなっているのかわからないことのほうが多いと言ってもよいくらいです。目の前の山でさえ、その中身はどの時代に形成された岩石からなっているのかといった地質構造なども不明確なことがあります。確かに地表面の正確な情報については、日本全国に地形図が存在します。しかし、地表面をはぎ取ったと仮定して作成された地質図すら5万分の1レベルで全国を掌握しているわけではありません。現在ある地質図は、高い可能性を示しているに過ぎず、構造や岩石の完璧な分布図というわけではないのです。また、気象情報の精度が高まり、翌日や週間の天気予報がかなり正確に予想されるようになりました。しかし、数年後や長期間の予測は困難です。

　いつ地震が発生するのか、いつ火山が噴火するのか、を正確に予測することの難しさは、いつの時代でも変わりません。自然災害に備えるには、「想定外を想定する」。矛盾を含む言葉ですがこれが真実です。

レーダー雨量計

1.3　自然と人間との関わり

An Illustrated Guide to Earthquake, Eruption, and Abnormal Weather of the Japanese Islands

第2章

日本列島の地下に潜む巨大なエネルギー

2.1 地震大国日本

世界の地震分布

図 2.1.1 は、世界の地震分布（震源の真上の震央）の状況を示したものです。これを見ると地震が生じている場所が帯状に集中していることがわかります。この地震分布の帯の中でも太平洋を取り囲む地域が、世界で発生する地震の 80％以上を占めています。また、南北アメリカ大陸とアフリカ大陸の間の海の中、さらには地中海にも地震が頻繁に発生する細い帯状の地域が存在します。

このように地震の発生しやすい地域は、隣接地域を含んで、広範囲にわたって同心円状に広がるのではなく、帯状に分布します（中国とインドの国境あたりを除きます）。日本列島を含む東アジア全体を見ても、隣国の台湾は日本と同じくらい地震が発生しますが、同じ隣国でも古い時代に地質が形成された韓国は地震の発生が非常に少ないこともわかります。

地震のメカニズムを理解するためは、プレートと呼ばれる地球表面に

図 2.1.1 世界の地震の分布地域

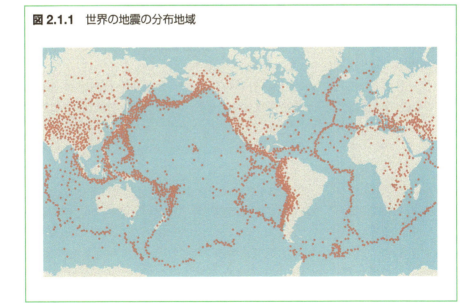

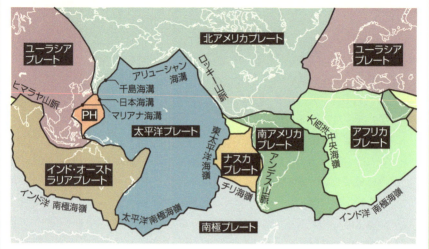

図 2.1.2 世界のプレートの分布範囲と境界線

存在する岩板とその動きを知ることが重要です。世界は10数枚のプレートによって覆われています。**図 2.1.2** は世界地図にそれらのプレートの範囲とその境界線を示したものです。ただ、これらのプレートの境界は単純に接しているのではなく、一方のプレートが他方のプレートにもぐり込んだり、すれ違ったりしている場合があります。

日本列島周辺に目を転じると、プレート同士の境界部分は地震の頻発地域となっていることがわかります。つまり、プレートが両側に広がる場所、プレートが沈み込む場所が地震の主な発生地域と考えることができます。

プレートテクトニクスとプルームテクトニクス

地球上を覆うプレートは移動しており、これが様々な現象を惹起します。現在では、電波星や衛星を用いた測量技術（VLBI：Very Long Baseline Interferometry）の発達によって、大陸の移動距離の実測が可能となっています。その結果からも、多くの大陸が年に数 cm という速度で移動していることが明確になりました。

大陸が移動していることを提唱したのはドイツのアルフレッド・ウェゲ

ナー（1880〜1930）です。それ以前より、遠く離れているアフリカ大陸西側と南アメリカ大陸東側の海岸線が類似していることなどから、かつてこれらの大陸は1つだったのではないか、という考えはありました。ウェゲナーは、それらが動いて現在のような位置関係になったという大陸移動説を発表しました（1912）。確かに、現在の世界地図を見ても上の2つの海岸線が一致しています。ウェゲナーは他にも、地形や地質、古生物の分布、古気候など、これらの大陸が分裂したと考えたほうが合理的であるという根拠を挙げました（**図 2.1.3**）。

しかし、なぜ大陸が動くのか、この原動力についてウェゲナーは納得のいく説明ができませんでした。地球の遠心力や潮汐力も考えられましたが、とても大陸を動かせるほどの力ではありません。結局、ウェゲナーの生きていた時代には大陸移動説は認められず、ウェゲナー自身も自説の証拠をグリーンランドで探している途中に遭難し、半年後に遺体が発見されると

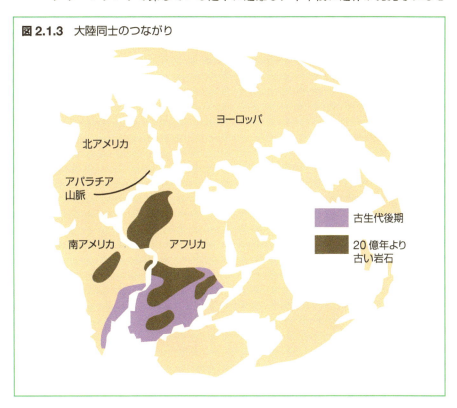

図 2.1.3 　大陸同士のつながり

いう非業の死を遂げます。50歳でした。

その後、地殻の下のマントル（岩石層）が動くことによって、プレートが動くというプレートテクトニクス理論が出されました。プレートテクトニクス理論の確立によって、ウェゲナーの大陸移動説も再評価されました。ただ、ウェゲナーの考えたような、大陸という地殻の表層部分だけが動く、というわけではありません。なお、テクトニクス（techtonics）は構造地質学という意味です。

近年では、プレートテクトニクスからプルームテクトニクスと呼ばれる理論によって、地球表面の大規模な自然現象が研究されています。プルーム（plume）は、もともとは羽毛を意味し、転じて、雲のように湧き上がる煙流や熱柱のことを指すようになりました。そこから、マントル内の大規模な対流運動をプルームと呼んでいます。プルームマントルには、「スーパープルーム（ホットプルーム）」と「コールドプルーム」の2種類が存

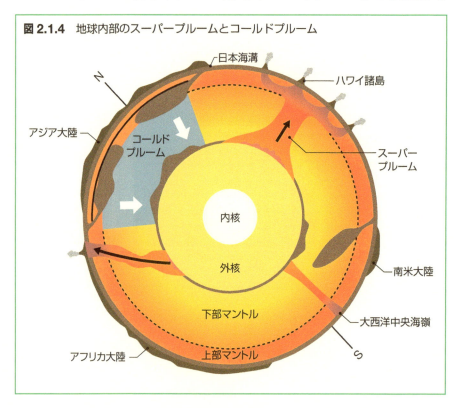

図2.1.4　地球内部のスーパープルームとコールドプルーム

在すると考えられています。スーパープルームは上昇し、コールドプルームは下降し、これらのプルームがプレートを動かす力であり、また、大規模な火山活動が生じる原因と推測されています（**図2.1.4**）。

　プレートが動くメカニズムはすべてが解明されているとは言えませんが、プルームの存在によってプレートが動き、プレートの境界部分で一方のプレートが他方のプレートに沈み込む時に地震や火山が発生することは、ほぼ間違いありません。

　次に述べる日本列島および周辺の地震や火山活動は、プレートやプルームと大きく関係しています。

　例えば、コールドプルームはユーラシアプレートのアジア大陸の下に入り込んでおり、これが日本列島周辺にプレートを集める原因の1つと考えられています。一方、スーパープルーム（ホットプルーム）は、アフリカ大陸の大地溝帯と南太平洋の火山島の下にあると推測されています。

2.2 動き続ける日本列島

国内の地震分布と4プレートの衝突地帯

　日本列島は、陸地面積において世界のわずか0.25％にすぎません。しかし、地震のエネルギー・頻度は世界の約10％にもなります。

　日本列島で地震が頻発する大きな理由として、日本列島およびその周辺に4枚のプレートが存在し、それらが影響し合っていることが挙げられます。

　次の**図2.2.1**は日本列島および近辺のプレートの状況とその動きをモデル的に示したものです。

　図2.2.1で示したように、太平洋プレートは東の方から、日本海溝に沿って北アメリカプレートの下に沈み込み、それに接触するプレートの力によって地下にひずみが生じていきます。ひずみが蓄積され、そのエネルギーが一気に放出される時、地震が発生します。近年では、プレートが沈み込む時にひずみのたまりやすい地域をアスペリティ（**図2.2.2**）と呼んでいます。アスペリティとは、もともとは突起物や凸凹を意味し、プレート境

図 2.2.1 日本列島をめぐるプレートの動き（モデル）

や活断層などの断層面上で、通常は強く固着していて、ある時に急激にすべって地震波を出す領域のうち、特にすべり量が大きい領域のことを指します。アスペリティは強い地震波を出し、地震の発生源と考えられています。2011年の東北地方太平洋沖地震でも、宮城県沖の海底でアスペリティらしき存在が確認されています。

東北地方の太平洋側の地震は、一定期間で地震が繰り返して発生するのが特徴です。**図 2.2.3** のように、太平洋プレートは日本海側に向かって沈み込むため、プレートが西の方に行くにしたがい震源は深くなっていきます。この地域の震源の深さは約 700 km まで確認されており、発見者にちなんで、和達－ベニオフ帯（深発地震面）と呼ばれています。地震学者の和達清夫博士（1902～1995）は気象庁の初代長官で、地震のマグニチュードという単位の元となる研究を行いました。

日本列島において最も頻繁な周期で、そして大きなスケールで発生する

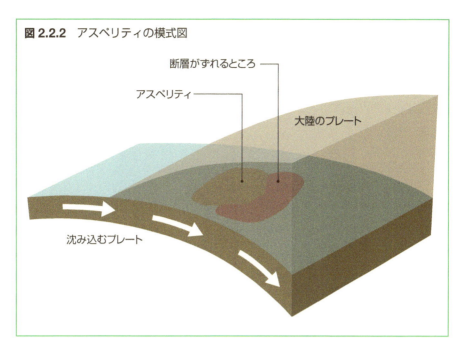

図 2.2.2　アスペリティの模式図

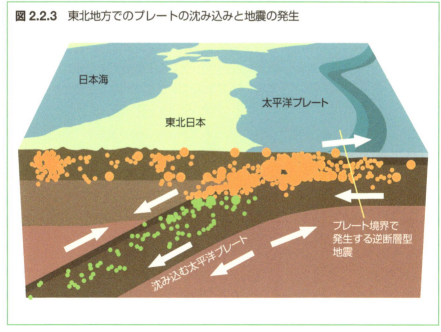

図 2.2.3　東北地方でのプレートの沈み込みと地震の発生

のがこの地域でのプレート型地震です。

　東北地方より南側の太平洋側では、太平洋プレートはさらにフィリピン海プレートにも伊豆・小笠原海溝に沿って沈み込んでいます（**図2.2.1**）。また、世界で最も深い海溝（マリアナ海溝）が日本列島の南側に存在するのも、太平洋プレートのフィリピン海プレートへのもぐり込みと関係しています。

　一方、中部日本から西南日本では、フィリピン海プレートもユーラシアプレートに沈み込むという、少し複雑な状況になっています。フィリピン海プレートとユーラシアプレートとの境界にも、東北地方の太平洋側と同様に地下にひずみがたまり、東海地震、東南海地震、南海地震が発生します。この沈み込み帯は南海トラフと呼ばれています。トラフとは船底を意味し、フィリピン海プレートがユーラシアプレートに沈み込むその形から、このように名付けられました。

　太平洋側ほどの規模ではないとしても、日本海側でも、北アメリカプレートとユーラシアプレートとの境界部分で地震が発生します。かつて秋田県を中心に大きな被害をもたらした1983年の日本海中部地震も、プレート境界型の地震である可能性が高いと言われています。また、津波などによって、奥尻島で死者・行方不明者が200名を超えた1993年北海道南西沖地震も、この境界線での地震と考えられています。これらの地震は、ユーラシアプレートと北アメリカプレートのプレート境界で発生し、いずれもサハリンから新潟沖へとつながる日本海東縁変動帯にある地域で発生しています。

地震の規模と活断層

　日本列島で起こる大規模地震は、プレート境界型地震だけではありません。海岸部以外にも、日本列島各地で地震が発生しています。これは、日本列島の様々な場所に活断層が存在しており、それが動くことによって地震が生じていることを示しています。

　活断層とは、直近の数十万年の間に活動（断層が壊れてずれる現象）を繰り返し、今後も活動する可能性が高い断層のことです。地下深部の岩石が、弱い部分（活断層）で壊れ、そのエネルギーが地震波となり、地表面に震動が伝わって、地震被害が発生します。

地震波は地表面で同心円状に伝わっていきます（**図 2.2.4**（1））。**図 2.2.4**（2）は、1995 年の兵庫県南部地震での地震波の伝わり方を示したものです。

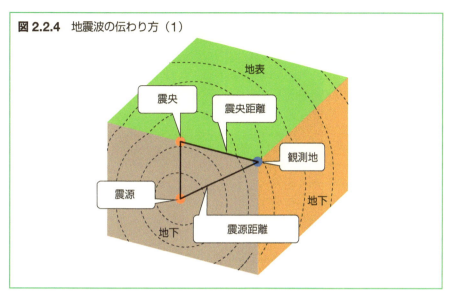

図 2.2.4 地震波の伝わり方（1）

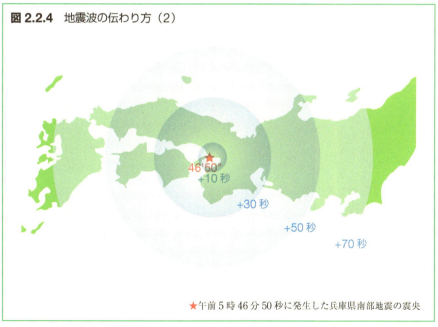

図 2.2.4 地震波の伝わり方（2）

★午前 5 時 46 分 50 秒に発生した兵庫県南部地震の震央

震源の真上の点を震央と呼びます。一般的には、震央から遠ざかるにつれて、地震による揺れは小さくなっていきます。時々、距離とは関係なく、周囲よりも震度が大きくなる場所が見られますが、これは地盤の固さと関係しています。地盤が固いほど揺れが少なく、柔らかいほど揺れは大きくなります。地盤の固さは地層のできた時代が関連していて、新しい時代に形成された地層（例えば沖積平野）ほど地盤は軟弱であり、揺れが大きくなると考えても差し支えありません。

　もちろん、この活断層の中で発生する地震についてもプレート型地震と同様に、同じ地震の規模であっても深い場所、浅い場所によって地表面に与える影響が異なります。言い換えれば、地震の規模（今後、マグニチュードと呼びます）だけでなく、地震が発生した深さによっても、揺れの大きさが変わり、被害に差が出ます。

　なお、地震に応じて様々なマグニチュードの求め方がありますが、日本では気象庁マグニチュード（M_j）が一般的です。これは、震央から $100\,\mathrm{km}$ 離れたところにとりつけた地震計に記録された最大振幅をもとにして算出される量で、最大振幅をミクロン単位に直し、その対数（log10）をとって表します。実際には震央の近くに地震計があるとは限らないので、各地の地震計の記録や震度の分布からマグニチュードを求めます。

　地震規模が大きい時は、断層運動の規模そのもの（モーメント）を計測した、モーメントマグニチュード（M_w）が使われることがあります。東日本大震災で、当初、マグニチュード 7.9 から 8.4、と報道されたものが最終的に 9.0 となったのは、気象庁マグニチュード表示からモーメントマグニチュード表示に変わったためです。一般的に、気象庁マグニチュードとモーメントマグニチュードの値はあまり変わりません。ただ、気象庁マグニチュードは、「周期5秒」という短時間の強い揺れを観測する地震計で記録された波形を用いて計算するのですが、巨大地震になると、大きな揺れは「長周期」であり、「周期5秒」程度の地震波の大きさは通常の地震とほとんど変わりません。そのため、気象庁マグニチュードはモーメントマグニチュードの値より小さくなるのです。

　なお、地震が発するエネルギーの大きさを E、マグニチュードを M とすると、次の関係式で表されます。

　　　$\log_{10} E = 4.8 + 1.5\,M$　書き換えると、$E = 10^{(4.8+1.5M)}$

このように定義されているため、マグニチュードが 1 大きくなると、エネルギーは約 32 倍になります（M が 1 増加すると 10 の肩の数字が 1.5 増加するから、$10^{1.5} ≒ 31.62$ 倍となる）。マグニチュードが 2 違うと 1000（$10^{(1.5×2)} = 10^3 = 1000$）倍もエネルギーの差があります。このことからもマグニチュードの大きな巨大地震のエネルギーの凄さは想像できます。

地震の揺れと緊急地震速報

前節で述べましたように地震のエネルギーそのものは、マグニチュードで表します。しかし、地表面に大きな影響を与えるのは、揺れそのものです。地震による揺れの大きさは、震度と呼びます。震度はご存知のように、観測地点での地震振動の強さのことを言います。

日本では気象庁が定めた震度階を使用しています。震度階は 1995 年兵庫県南部地震発生後、振動の加速度の大きさから決定されるようになり（加速度の大きさの他にも、揺れの周期や継続時間が考慮されます）、それまでの震度 5 と 6 がそれぞれ強と弱に分けられ、10 段階となりました（**表 2.2.1**）。

また、大きな地震が発生した後には必ず余震が発生します。前震が生じる場合もあり、その後、本震が発生します。ただ、前震、本震、余震は、地震が終わってからでないと判断できません。2016 年に発生した熊本地震では、当初、本震と思っていた 4 月 14 日午後 9 時 26 分の地震が、28 時間後の 16 日未明に起こった地震のために、後になって結果的に前震であったことがわかりました。震度 7 の地震が 2 度続けて発生するという現実は理解できにくいところでもありました。

熊本地震では余震が 1000 回を超えました。それまで、2004 年に発生した中越地震の余震が、これまで最多の余震数とされていました。**図 2.2.5** は、熊本地震と中越地震との本震後の余震の状況を示したものです。確かに余震は時間とともに規模や頻度も減少します。しかし、余震が多くなると規模は決して大きくなくても常に揺られている感じがして、落ち着いて生活をすることができなくなってしまいます。

最近では、避難訓練でも緊急地震速報の報知音を活用することがあります。緊急地震速報とは、地震のどのような性質を利用したものなのでしょうか。まず、地震が発生すると最初に縦波である P（Primary）波が到達

表 2.2.1　気象庁による震度階

震度 0	震度 1	震度 2	震度 3
人は揺れを感じない。	屋内で静かにしている人の中には、揺れをわずかに感じる人がいる。	屋内で静かにしている人の大半が、揺れを感じる。	屋内にいる人のほとんどが、揺れを感じる。

震度 4	震度 5 弱
・ほとんどの人が驚く。 ・電灯などの釣り下げ物は大きく揺れる。 ・座りの悪い置物が、倒れることがある。	・大半の人が、恐怖を覚え、物につかまりたいと感じる。 ・棚にある食器類や本が落ちることがある。 ・固定していない家具が移動することがあり、不安定なものは倒れることがある。

震度 5 強	震度 6 弱
・物につかまらないと歩くことが難しい。 ・棚にある食器類や本で落ちるものが多くなる。 ・固定していない家具が倒れることがある。 ・補強されていないブロック塀が崩れることがある。	・立っていることが困難になる。固定していない家具の大半が移動し、倒れるものもある。ドアが開かなくなることがある。 ・壁のタイルや窓ガラスが破損、落下することがある。 ・耐震性の低い木造建物は、瓦が落下したり、建物が傾いたりすることがある。倒れるものもある。

震度 6 強	震度 7
・はわないと動くことができない、飛ばされることもある。 ・固定していない家具のほとんどが移動し、倒れるものが多くなる。 ・耐震性の低い木造建物は、傾くものや、倒れるものが多くなる。 ・大きな地割れが生じたり、大規模な地すべりや山体の崩壊が発生することがある。	・耐震性の低い木造建物は、傾くものや、倒れるものがさらに多くなる。 ・耐震性の高い木造建物でも、まれに傾くことがある。 ・耐震性の低い鉄筋コンクリート造の建物では、倒れるものが多くなる。

します。続いて横波の S（Secondary）波が到達します。P 波と S 波の伝わり方を模式的に示したのが、**図 2.2.6** です。P 波は固体・液体・気体すべての物質中を伝わりますが、S 波は固体しか伝わりません。地震波のこの性質によって、地球の内部構造が推定されています。

図 2.2.5 中越地震と熊本地震での余震の状況

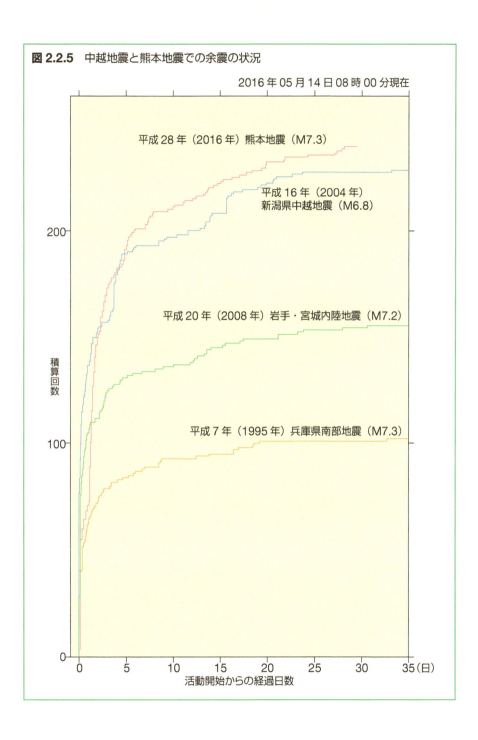

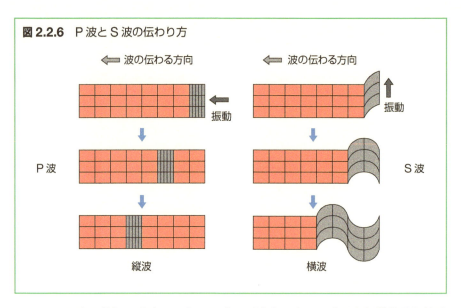

図 2.2.6　P波とS波の伝わり方

　P波が最初に到達し、次にS波が到達するまでの時間を初期微動継続時間と呼びます。地震計の記録から地震波の伝わりを示したのが図になります。

　図2.2.7のようにS波による地震動は大きく、この一連の波の中で、P波を先に地表面でキャッチした時、次のS波に備えて緊急地震速報が流れます。ただ、震源地が観測地に近い場合、S波とP波の伝わる時間差は少なく、緊急地震速報の連絡を受ける前に大きな揺れを受ける場合があり

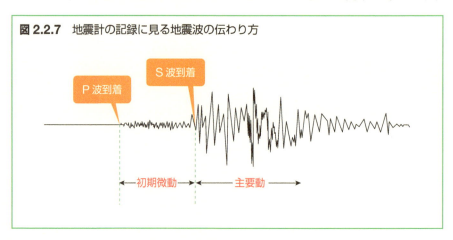

図 2.2.7　地震計の記録に見る地震波の伝わり方

ます。

　緊急地震速報の精度を上げるだけでなく、地震の予測や予知については、長期的なスケールからも検討されています。特にプレート型の地震では、地下にひずみがたまり、それが発散される時、地震が発生するわけですから、巨大な地震の発生の周期をある程度推測することができます。ただ、周期的と言ってもその誤差は、人間の時間スケールと比べて大きく、発生時期を正確に想定するのは容易ではありません。活断層型の地震についても、活断層の場所がわかっていればどのあたりで地震が発生するのかをある程度予想できることはできますが、いつ発生するのかを推測するのはより困難です。

地震に関連した災害

　中越地震と熊本地震の罹災者には、よく似た症状が見られました。「エコノミークラス症候群」（静脈血栓塞栓症）です。同じ姿勢で長時間いると、血管の中に血の塊、つまり血栓が生じます。これが肺動脈などに詰まると、最悪の場合、死亡することもあります。飛行機のエコノミークラスなど、狭い座席に長時間座っていると発症しやすいことからこのように呼ばれています。被災地においてエコノミークラス症候群が生じるのにはいくつかの要因があります。

　被災地では、学校や公民館などの避難所も人で溢れかえります。また、余震が多くなると、本震で損傷した建物に入ることが不安になり、自家用車内などに避難し、睡眠などをとるようになります。ただ、エコノミークラス症候群は狭い車中で、長時間滞在するだけで起こるのではありません。本震やその後の繰り返される余震によるストレス、ライフラインの喪失による飲料水の不足、さらにはトイレ事情が悪いなどの理由で水分を控えることによって、脱水による血液の濃縮から血栓の危険性が高まるのです。血栓は普通の生活状態でしたら、ほとんどの場合は消失します。しかし、血栓を生じやすい人が避難して車中泊をすることで、血栓が増大してエコノミークラス症候群になると考えられています。中越地震以降も、熊本地震では、51人が入院を必要とするエコノミークラス症候群を発症し、そのうち重症は5人で、1人が亡くなっています。

　エコノミークラス症候群を含めて、災害関連死という言葉を耳にするよ

うになってきました。熊本地震では、震災による犠牲者は200名を超えましたが、そのうち75％以上が震災関連死に数えられています。一般的には、災害関連死とは、自然災害の被害に遭い、災害弔慰金の支給対象となる場合を指しています。阪神淡路大震災後から認められるようになりました。

日本各地に存在する活断層

　活断層の存在は、現地調査だけでなく、航空写真の立体視によっても、推定することができます。図2.2.8は、航空写真と立体鏡です。
　西日本では奈良県付近を中心として、3本の活断層が巨大な三角形を形成しており、近畿トライアングルと呼ばれています（図2.2.9）。その1本が、日本海側の若狭湾のあたりから北から南へ京都市まで伸びる「三方・花折断層帯」(58 km)、神戸市有馬温泉付近から西へ伸びる「有馬・高槻構造線」(55 km)、大阪府北西部から淡路島方向へ伸びる「六甲・淡路島断層帯」(71 km)、からなる長大な活断層帯です。1995年に発生した兵庫県南部地震でその原因の1つの断層となった淡路島の野島断層は、六甲・淡路島断層帯の一部ですが、その実物が北淡町の野島断層保存館に保存されて

図2.2.8　2枚の航空写真と立体鏡

図 2.2.9 近畿トライアングルの1辺としての活断層帯

います。

　近畿トライアングルの残りの2本は、中央構造線沿いの活断層帯と伊勢湾から若狭湾周辺にかけて存在する活断層帯です。中央構造線と糸魚川・静岡構造線については、後で詳しく説明します。

　兵庫県南部地震が発生した後に、野島断層が地表面に現れた時は、わずか数10 cmほどの高さでした。このように地表に現れた断層のことを地表地震断層と呼びます。しかし、地下の断面から見ると地層の食い違いはかなりの大きさになっていることがわかります（断層の断面も野島断層保存館で見ることができます。**図 2.2.10**）。野島断層は、断層面をはさんで他方が少しずつ上昇したのではなく、一度の地震で急激に上昇し、それが何

2.2　動き続ける日本列島 | 29

図 2.2.10　野島断層記念館に保存されている野島断層

度も発生して形成されました。断層とも関連して、兵庫県の六甲山にしても、その発生の原因として、約260万年以降の最も新しい地質時代である第四紀中に発生した何度かの地震を無視することができません。そもそも、六甲花こう岩自体は、中生代の終わりころ、地下深部でゆっくり冷えて固まった岩石が、比較的短い期間で現在の高さまで上昇したものです。このことからも何度かの大きな地震が推測できます。

　これらの一連の断層をはじめとして、日本列島では、太平洋プレートやフィリピン海プレートが、北アメリカプレートやユーラシアプレートに対し、東側や南東側から圧縮する力が働く関係で、断層も逆断層が多くなります（**図 2.2.11**）。逆に両側から引っ張りの力が働くと正断層が生じます。

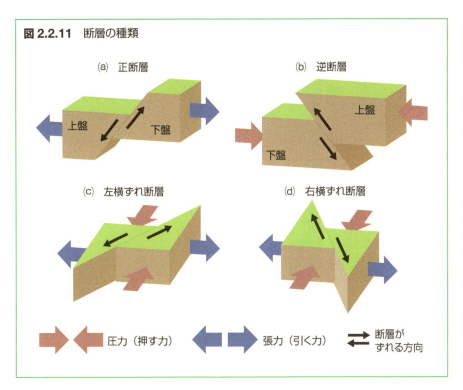

図 2.2.11 断層の種類

　プレートが誕生したり、拡大したりする海嶺付近に存在する断層は正断層となります。

　正断層・逆断層が垂直的な動きであるのに対し、水平的な動きとしては横ずれ断層があります。横ずれ断層は向かって右側に移動した場合、右横ずれ断層、左側に移動した場合、左横ずれ断層と呼ばれています。巨大地震が発生した場合では、垂直・水平の両方向に移動することも多くなります。

　なお、プレート同士がすれ違うところでは、トランスフォーム断層（**図2.2.12**）と呼ばれる横ずれ断層が存在することがあります。例として、南北に走る中央海嶺の軸が、ある場所で東西に食い違っている時、この食い違いを生じさせている東西に延びる断層がトランスフォーム断層です。つまり、離れあうプレート境界と直交する横ずれ状の断層のことを言います。**図2.2.12**のように、トランスフォーム断層のうちで、食い違った海嶺の軸に挟まれた部分では断層の両側のプレートが逆向きに運動するため、

図2.2.12　トランスフォーム断層

✕　左横ずれ断層型地震
〇　右横ずれ断層型地震

地震が発生します。

　プレート型の地震が発生するメカニズムと内陸部の活断層型地震の発生するメカニズムは無関係ではありません。海側プレートの沈み込みによるひずみのエネルギーの開放によって巨大地震が発生すると、内陸側の活断層がその衝撃を受けて崩壊し、離れたところでも大規模な地震が発生することがあります。東北地方太平洋沖地震が発生した時、その翌日、糸魚川・静岡構造線沿いの活断層近くの長野県、栄村に大きな地震が発生して甚大な被害が生じました。これも、太平洋側の巨大地震が内陸側の活断層に影響を与えたものと考えられています。

構造線と活断層

　日本列島の地質構造、つまり、その地域を構成する岩石の分布は、ある境界線で大きく変わることがあります。その代表的なものが、地質区分（地

帯構造）を作る構造線と呼ばれるものです。これらの境界線の多くは、断層であると見なしてもかまいません。図 2.2.13 は日本列島の主な地質構造区分を簡単に示したものです。

　中央構造線は、日本列島に横たわる 1000 km を越える最も長い構造線であり、主に西日本の東西に広がっています。中央構造線は、中生代の終わりごろに誕生し（約 1 億年前）、九州や関東地方にも伸びていると考えられています。中央構造線は西南日本の地質構造を内帯（日本海側）と外帯（太平洋側）に分割しています。

　中央構造線の次に長い糸魚川・静岡構造線は、新潟県糸魚川市から、諏訪湖を経て、静岡湾に到達する南北 S 字型に走る構造線です。これはフォッサマグナの西縁にあたり、東北日本と西南日本の地質構造を分けています。日本列島のもととなる地塊が大陸から切り離され（日本海の誕生）、現在の日本列島が形づくられた時、東北日本と西南日本の接合部分あたりが、糸魚川・静岡構造線となったと考えられています。

　中央構造線、糸魚川・静岡構造線とともに、それぞれ中生代、新生代新

図 2.2.13　日本列島の主な地質構造線と地質構造区分

図 2.2.14 日本列島中部のフォッサマグナ

フォッサマグナの範囲は植村（1988）による。

第三紀に活発に動いた断層であり、現在は動いていません（一部を除く）。しかし、これらの構造線に沿って多くの活断層が存在しています。そのため、現在でも地震が発生しやすい地域と言えるでしょう。

ところで、フォッサマグナとは何でしょうか。これはラテン語で「大きな裂け目」を意味し、日本の東北地方と西南地方の境目となる地帯のことをいいます。これは中部地方から関東地方にあり、この裂け目を境として地質構造区分が大きく変わっています。ただ、フォッサマグナの西側が先述の糸魚川・静岡構造線と呼ばれるような明瞭な区分であるのに比べ、東側は、必ずしも結論が出ていません。このように関東地方が複雑な地質状

図 2.2.15 空から捉えた糸魚川・静岡構造線と構造線の境界

況になっているのには、西南地方や東北地方の地質構造だけでなく、伊豆・マリアナの地質構造もここに接しているところにも原因があります。

　図 2.2.15 は糸魚川・静岡構造線を空から撮影したものです。この糸魚川・静岡構造線を明治時代に最初に発見したのが、日本ではナウマンゾウの名付け親としても有名なドイツの地質学者ナウマンです。

　このフォッサマグナの中には、日本有数の火山帯が存在します。例えば、富士山や箱根火山、さらには南アルプスと、高い山々が連なる地域でもあります。地質的には基盤岩の大きな裂け目であっても火山活動によって、この地域が高い山岳地帯となっているのが特色です。

2.3 日本海側に生じた地震・津波

日本海中部地震と北海道南西沖地震

　日本列島へ影響を与える4枚のプレートの中で、その存在が知られたのが最も遅かったのが北アメリカプレートです。前節でも紹介しましたが、北アメリカプレートは**図 2.3.1** のように北アメリカから細長く日本列島の北東部を覆うプレートです。一方のプレートが他のプレートに沈み込むことによって発生する地震は、主に東北地方から四国の太平洋側を襲ってきました。

図 2.3.1 近年の日本海での地震

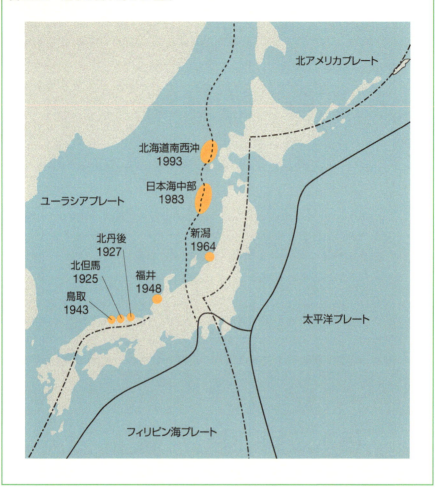

　かつては、日本海側ではプレートの動きに関係した大きな地震は発生しないと考えられてきました。しかし、1983 年の日本海中部地震、1993 年の北海道南西沖地震など、北アメリカプレートの影響と考えると説明がつきやすい地震が相次いで発生しました。地震が発生した地域は北アメリカプレートとユーラシアプレートとの境界であり、プレートが地震の原因と考えるのが自然です。最近では、ユーラシアプレート上の日本海の海底が、北アメリカプレート上の本州の下に沈み込みを始めているという説も強く

なっています。

　多くの研究者や住民が驚いたのは、日本海中部地震の発生でした。この時、秋田県の男鹿半島を地震で発生した津波が襲い、小学生13名を含む108名が犠牲となりました。それまで津波を起こすような地震は日本海側では起きないと考えられていましたから、大きな動揺が広がりました。

　地震発生後の津波による大きな被害は1993年の北海道南西沖地震でも見られました。地震規模も近年の日本海側の地震では最大規模であったと言えるでしょう。震源に近い奥尻島では、死者202名、行方不明者28名という大惨事となりました。日本海中部地震の教訓もあり、地震発生後5分後には津波警報が発表されましたが、それにもかかわらず、震源に近かったことから、避難が間に合わず、多くの犠牲者が出てしまいました。

　図2.3.2は、少し視点を変えて、日本海側から日本列島を眺めたものです。

　この図からは、太平洋プレート、フィリピン海プレートが日本列島に押

図2.3.2　大陸側から見た日本列島

2.3　日本海側に生じた地震・津波 | 37

し寄せてくることに比べ、日本海は静かな内海のように見えます。しかし、北アメリカプレートとユーラシアプレートとの関係から、太平洋側の規模ほどではないにしても、今後も日本海側にも大きな津波が発生する可能性が明らかになっています。

日本海側に生じた昭和の大地震

　先述のように日本列島には、至るところに活断層が存在し、全国どこでも地震が発生する可能性があります。大津波を引き起こす太平洋側のプレート型地震に比べ、印象には残りにくいかもしれませんが、先の日本海中部地震や北海道南西沖地震以外でも、日本海側にも大規模な地震は頻繁に発生しています。

　振り返って20世紀に生じた日本列島の地震を見ていきますと、前半は大規模な地震が繰り返して発生してきたと言えるでしょう。1923年の関東大震災はあまりにも有名です。しかし、1920年代には、関東大震災だけでなく、1925年の北但馬地震、1926年の北丹後地震が発生しています。この2つの地震は大きな地震であったにもかかわらず、あまり知られていないこともありますので、簡単に主な被害数字だけを記しておきます。北但馬地震は兵庫県但馬地方北部で起きた地震で、死者428名、負傷者1016名の他、家屋被害は、全壊1733棟、半壊2106棟、焼失2328棟、全焼1696棟と大きな災害であったことが理解できます。しかし、翌年の北丹後地震（京都府）では、死者2925人（京都府内・2898人）、負傷者7806人、全壊1万2584棟、半壊9443戸、焼失8287戸、全焼6459戸、半焼96戸という、さらに大きな災害であったことがわかります。

　第二次世界大戦終戦前後では、1943年の鳥取地震、1944年の「昭和の東南海地震（三重県）」、1945年の三河地震、そして1946年の「昭和の南海地震（和歌山県沖）」と4年連続で犠牲者1000名を越す地震が起きています。

　20世紀の後半を振り返ってみると、前半に比べ地震の活動は減少していると言えるかもしれません。しかし、1948年に、マグニチュード7.5の福井地震が発生しました。死者は3000名を越し、1995年に兵庫県南部地震が発生するまで、国内の戦後最多の犠牲者数でした（もっとも2011年の東北地方太平洋沖地震はそれすら超えてしまいました）。この時の被害状況

図 2.3.3 福井地震によって被害を受けた福井城跡の石垣

況は、現在でも福井城の石垣から推測することはできます。**図 2.3.3** は、現在も見られるかつての福井城の石垣の跡です。福井市は 1945 年 7 月、アメリカ軍による大空襲によって、市街損壊率 85％という甚大な被害を受けていました。それからようやく復興しかけた矢先に、今度は地震で大きな被害を受けることになってしまいました。しかし、戦災や震災などのたび重なる災禍にも負けず、立ち上がった福井市民は不死鳥（フェニックス）の名にふさわしく、不死鳥が福井市民および福井市のシンボルになっています。

　東海地震や東南海、南海地震などプレート型の太平洋で発生する地震については、また別のところで見ていきますので、ここでは、日本海側の主な地震を取り上げてみます。

　1964 年、日本海側の新潟を襲った新潟地震は、世界中の注目を集めました。というのも、地震による液状化現象により、近代的な大きなビルが傾き、倒壊したためです（当時はまだ液状化現象という言葉はありませんでした）。

　液状化現象とはどのようなものか考えてみましょう。まず、**図 2.3.4** にその状況を示します。この写真のように、沖積平野や埋め立て地などで、地震の強い揺れがあると、地下水の水位が高い地盤が液状化して、地表面に砂や水が噴出します（沖積平野とは主に河川によって流れてくる土砂で形成される平野のこと）。噴出量が多くなると土地が傾き、建物を支えられなくなります。沖積平野などでは、巨大な地震が発生すると、海岸部など

図 2.3.4　液状化現象の状況（マンホールが浮き上がっている）

で砂質の土砂を含んだ大量の水が吹き出すことがあります。東日本大震災でも千葉県をはじめ、関東地方の太平洋側地域で多くの液状化現象が見られました。

　液状化現象が発生した時によく見られるのが、下水道のマンホールがその土台ごと浮き上がる現象です。これはマンホール（フタの下のコンクリートの部分）の比重が泥水の比重よりも軽いためです。**図 2.3.5** に液状化のメカニズムを示します。

　新潟地震で無視できないことは「想定外の地震」という文言が公害訴訟にまで現れたことです。その訴訟とは、新潟地震の3年後の1967年に発生した新潟水俣病訴訟です。高度経済成長期の4大公害訴訟の中で、最初に裁判となったのが、初めて水俣病の発症者が確認された熊本水俣病でなく、新潟水俣病であることは意外な気がします。当時、昭和電工は、メチル水銀が阿賀野川に流れたことは認めたものの、その理由として、阿賀野川沿いの同社の倉庫が「想定外の」新潟地震によって破壊されたため、有害物が河川に流れたと主張しました（倉庫と公害が発生した地域の上流下流の位置関係などからもからもこれは認められませんでしたが）。

　このように、20世紀に限っても活断層による地震は、日本海側でも北但

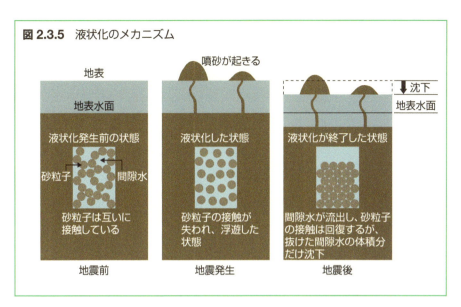

図 2.3.5 液状化のメカニズム

馬地震、北丹後地震から鳥取地震、福井地震、新潟地震など広く見られます。

その後国内で、日本全体としては、大きな地震被害が少なかった状況が続いた中で、1995年1月17日兵庫県南部地震（後に阪神淡路大震災と呼ばれる）が発生しました。近代都市神戸が大被害を受けるという衝撃が世界を駆け巡ったのです。

近年の日本海側に生じた大地震

大きな自然災害が発生すると、気象庁は、「顕著な災害を起こした自然現象については、命名することにより共通の名称を使用して、過去に発生した大規模な災害における経験や貴重な教訓を後世代に伝承するとともに、防災関係機関などが災害発生後の応急、復旧活動を円滑に実施することが期待される。」という方針のもと、地震や豪雨などに命名をします。**表 2.3.1** は兵庫県南部地震以降の気象庁が命名した地震などの自然災害を一覧にしたものです。

最近の20数年を見ても、20世紀に引き続いて、鳥取県西部地震、能登半島地震、中越地震、中越沖地震などの大規模地震が日本海側に発生していることがわかります。2000年に発生した鳥取県西部地震のマグニチュー

表 2.3.1 気象庁が命名した地震などの自然災害

平成7年（1995年）	兵庫県南部地震
平成12年（2000年）	有珠山噴火
平成12年（2000年）	鳥取県西部地震
平成13年（2001年）	芸予地震
平成15年（2003年）	十勝沖地震
平成16年（2004年）7月	新潟・福島豪雨
平成16年（2004年）7月	福井豪雨
平成16年（2004年）	新潟県中越地震
平成18年（2006年）	豪雪
平成18年（2006年）7月	豪雨
平成19年（2007年）	能登半島地震
平成19年（2007年）	新潟県中越沖地震
平成20年（2008年）	岩手・宮城内陸地震
平成20年（2008年）8月末	豪雨
平成21年（2009年）7月	中国・九州北部豪雨
平成23年（2011年）	東北地方太平洋沖地震
平成23年（2011年）7月	新潟・福島豪雨
平成24年（2012年）7月	九州北部豪雨
平成26年（2014年）8月	豪雨
平成27年（2015年）9月	関東・東北豪雨
平成28年（2016年）4月	熊本地震
平成29年（2017年）7月	九州北部豪雨

ドは7.3にも達し、犠牲者6000名を超えた兵庫県南部地震と同じ地震の規模です。しかし、鳥取県西部地震では、全壊家屋435軒、半壊家屋3101軒に至ったにもかかわらず、犠牲者はいませんでした。理由としては、地震が発生した地域が中山間部であったため、マグニチュードの割には震度の大きい地域が狭かったこと、家が豪雪に備えて比較的頑丈であったこと、などが挙げられます（もっとも、兵庫県南部地震と比べて人口の密集分布

が全く違うことも無視することはできませんが）。注目すべきは、この地震の2か月前に鳥取県は、震度6強の地震が鳥取県西部で発生することを想定して防災訓練を実施していたという点です。地震発生の10分後には、行政および消防当局が対応を開始できたのは、この訓練の成果と言えるかもしれません。

　さらに、鳥取県では、2016年10月にも最大震度6弱という大きな地震が中部地域（倉吉市）を中心に発生しました。負傷者は出たものの、幸い犠牲者はいませんでした。しかし、給食センターの被害が大きく、元の給食に戻るのに半年近くかかりました。この地震の4か月前に、鳥取県教育委員会主催による「学校における防災教育研修会」が全校種の教員を対象に倉吉市で開催されていました。このことが、地震後の教育行政や学校の対応がスムーズであったことの一因でしょう。

　ところで、2000年以降も日本海側では連続的に地震が起こっています。新潟県に限ってみても、2004年中越地震、2007年中越沖地震と気象庁が命名する規模の大きさの地震がたて続けに発生しています。ただ、新潟県は先の新潟地震に限らず、昔から地震の多い地域です。面積が広いとはいえ、江戸時代だけでも犠牲者が1000名を超える地震が3回発生しています。地震が発生した場合、雪との複合災害となることは江戸時代も現在も変わっていません。1666年の越後高田地震（越後国西部地震とも呼ばれます）では、4～5mの積雪の中で地震が発生し、積もっていた雪の下敷きになったり、火災が発生したりして、犠牲者が1500名にまで増大したという記録が残っています。

　2004年に発生した中越地震では、中山間部の活断層が動いたため、多くの地すべり、斜面崩壊が発生しました（地すべりなどの原因やその被害は次章でも触れます）。1995年兵庫県南部地震や2011年東北地方太平洋沖地震は、災害の規模が特に大きいことに加え、今後の復旧・復興施策を推進する上で統一的な名称が必要となると考えられたことから阪神淡路大震災、東日本大震災と称されるようになりましたが、中越地震の震度は7であり、その規模も阪神淡路大震災と同じ程度であることから、新潟県議会はこの地震を「新潟県中越大震災」と呼ぶことに決め、県内では現在も「新潟県中越大震災」と呼ばれています。新潟県では、震災の教訓を残すために、写真（**図 2.3.6**）のような「中越地震メモリアル回廊」が整備されて

図 2.3.6　中越地震メモリアル回廊

　います。この回廊は新潟県中越大震災のメモリアル拠点である4施設「長岡震災アーカイブセンター　きおくみらい」、「おじや震災ミュージアム　そなえ館」、「川口きずな館」、「やまこし震災交流館　おらたる」と、3公園「妙見メモリアルパーク」、「震央メモリアルパーク」、「木籠メモリアルパーク」を結んでいます。

　この回廊で興味深いのは、中越地震が発生した震央（震源の真上）を探そうと試みたことです。結果的にその位置が確定し「震央メモリアルパーク」としましたが、田んぼの上であったため、その近くに写真のような記念碑が建てられています。

　2007年の中越沖地震では、地震動の影響により、柏崎刈羽(かりわ)原子力発電所から放射線が漏出しました。放射線量そのものの量は多くありませんでしたが、日本海の漁業や、柏崎米をはじめ様々な農作物が風評被害を受けることになりました。さらに、農作物への不安感から、日本海の漁業、さらには観光業界までにも被害が及びました。

　新潟地震の時に、「想定外の地震」という言葉が使われたことを紹介しました。同じことが、中越沖地震時に東京電力柏崎刈羽原子力発電所から放射線が漏れ出した時に使われました。地震によって原子力発電所から放射線が漏れたのは、この時が最初でした。

2.4 太平洋側を周期的に襲う大津波

三陸を襲った明治以降の3度の地震津波

　東北地方の太平洋側は、日本および周辺の4枚のプレートの中でも、最も移動速度の大きい太平洋プレートが沈み込む地域にあたります。そのため、これまでも頻繁に大地震が発生してきました。近代以降の三陸沖に発生した巨大地震を見ても、死者行方不明者2万2000名を引き起こした1889年の明治三陸沖地震および津波、1933年の同3400名を超える昭和三陸沖地震および津波、そして、2011年の東北地方太平洋沖地震および津波が発生しています。岩手県では、これらの地震の記念碑が一カ所に見られる場所があります（図2.4.1）。今後も東北地方の太平洋側での巨大地震や大津波の発生が懸念されており、過去の教訓を忘れないことが大事です。

　今も昔も、地震そのものよりも恐ろしいのが、海底での地震が引き金となる津波です。海底で大規模に急激な隆起や沈降が起こると、波長が非常に長い津波が発生します。波の速さ（v）は$\sqrt{gh}$（gは重力加速度、hは

図2.4.1 岩手県に存在する近代の3つの地震津波の記念碑

海の深さ）という数式で表されます。そのため、平均的な深さが約 4000 m の太平洋では、波は秒速約 200 メートルの速さで進むことになります。

近年、耐震構造化が進み、地震の倒壊による犠牲者数は少なくなり、東日本大震災では、犠牲者の大部分が津波によるものです。多くの建築物が破壊され、逃げる以外に対応がないのが津波であることを痛感した人も少なくありませんでした。それでは、津波はどのようなメカニズムで発生し、どのようにして甚大な被害をもたらすのか、次に考えてみましょう。

地震と津波

地震情報はテレビのテロップなどですぐに表されるようになっています。地震が発生した地域の震度とともに、津波情報も同時に示されます。多くの場合、「この地震による津波はありません。」とか「念のため、津波に注意してください。」などと表示されます。この情報の重要なところは、津波に対する警戒と行動を促すことです。先述の日本海中部地震以降、迅速に放送されるようになりました。

プレート境界で大津波が発生するメカニズムを図 2.4.2 で示します。

津波が急激に高くなる場所

津波と高潮の違いを図 2.4.3 でイメージ的に表してみましょう。

津波は、湾に侵入してきた時には 2〜3 m くらいの高さでも、川など水が集中するところでは、10 m を超えることもあります。また、リアス式海岸のように狭くなったところも水が集中して、高い波となります。三陸海岸では 30 m 以上の津波が観測されたことがあります。図 2.4.4 の写真は東日本大震災の雄勝湾沿いの河川の近くに立地していた校舎の被害状況です。これを見ると校舎の 3 階部分まで、津波が遡上してきたことがわかります。

河川を遡上する津波の怖さ

津波は海から河川を遡上し、海から離れた地域も襲います。2011 年の東日本大震災では、児童生徒がいた学校にも様々な悲劇が襲いかかりました。その中でも石巻市立大川小学校では、児童 74 名と教員 10 名という、1 つの学校としては最悪の犠牲が生じました。津波が遡上し、海から 5 km も

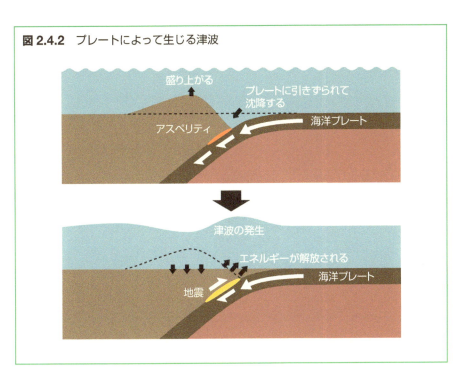

図 2.4.2　プレートによって生じる津波

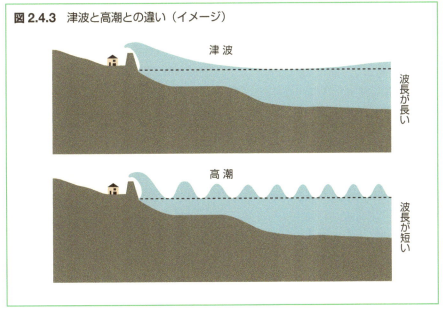

図 2.4.3　津波と高潮との違い（イメージ）

図2.4.4　河川沿いの学校の被害

内陸にある学校を襲ったためです。避難が遅くなったことも大きな原因ですが、まさか、ここまで津波が来るとは学校関係者も想像できなかったと思えます。

　しかし、津波が海から河川を遡上することは決して珍しいことではありません。東北地方だけでなく、近畿地方にも見られます。図2.4.5左は1854年の安政南海地震後に建立された碑です。ここには、以下のことが書かれています。「…大地震、家崩れ出火…」、「…山の如き大浪立つ…」など、発生した後の状況が克明に記録されています。また、この時の教訓を「大地震の節は津浪起らん事を兼て心得、必ず船に乗るべからず」のように記すとともに「…毎年墨を入れよ」と将来への戒めとしています。この時の津波の状況を現在の地形図で示してみると図2.4.5右のようになります。

　この記念碑の内容とこの図からも、近畿地方の湾岸沿いにも同様に津波の遡上があったことがわかります。ややもすると、遠いところで発生したり、遠い昔に起こったりした自然災害は他人事のような意識になりがちです。防災・減災には先哲の教えからも学ぶことが多々あります。

図 2.4.5 安政南海地震の記念碑と津波の範囲

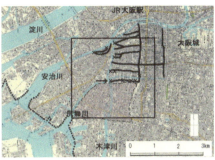

過去の南海トラフの津波（西日本大震災を想定する）

過去に発生した自然災害は今後も発生する可能性があります。と言うより、確実に起こると考えてよいでしょう。前節で、大阪での安政南海地震の様子を紹介したように、過去に起こった津波を分析することで、将来への対策を考えることができます。

次の**表 2.4.1** は、これまで西日本と南海トラフで発生した津波を示したものです。この表を見ると約 100 年周期で地震が発生していることがわかります。

昭和の東南海地震、南海地震が 1944 年、1946 年に発生しています。それから 100 年後を考えると、2040 年～2050 年の間に大きな地震と津波が起こると考えてよいでしょう。100 年というのはおおよその目安で、当然、それより早くなることも考えられます。

地球の反対側からの地震津波

津波の原因となる巨大地震は、日本近辺だけではありません。1960 年に発生したチリ地震は、日本から見て、文字通り地球の反対側で発生しました。それにもかかわらず、津波が太平洋を渡って日本列島まで到達したのですから驚きです。地震が発生した約 22 時間後には、津波が宮城県の湾岸まで達し、102 名の尊い命が奪われました。

図 2.4.6 は時間の経過とともに津波の進んだ経路を表したものです。先

表 2.4.1　南海トラフの周期

発生時	地震の規模（M）	被害範囲	名称	被害状況
1498 年 （明応 7 年）	M 8.2～8.4	東海道全域	明応の東海地震	紀伊～房総、甲斐。津波の被害が大、伊勢大湊で家屋 1000 戸、溺死者 5000 人、伊勢志摩で溺死者 10000 人、静岡県志太郡で溺死者 26000 人
1605 年 （慶長 9 年）	M7.9	東海南海西海	慶長の東海・南海地震	犬吠崎から九州までの太平洋沿岸に津波、八丈島で死者 57 人、紀伊西岸広村で 700 戸流失、阿波宍喰で死者 1500 人、土佐甲ノ浦で死者 350 人、室戸岬付近で 400 人以上死亡
1707 年 （宝永 4 年）	M8.4	5 畿 7 道	宝永地震	死者 2 万人余、倒壊家屋 6 万戸余、土佐中心に大津波。わが国最大級の地震
1854 年 （安政元年）	M8.4	中部、紀伊	安政の東海地震	死者 2～3000 人余、倒壊及び焼失家屋 3 万戸余、津波多数発生
1854 年 （安政元年）	M8.4	近畿中南部	安政の南海地震	32 時間前の安政東海地震と区別が明確でないが、死者は 1000 人余、串本では 11 m の津波
1944 年 （昭和 19 年）	M7.9	東海道沖	昭和の東南海地震	静岡、愛知、三重で甚大被害、死者行方不明 1223 人、倒壊家屋 17599 戸、流失家屋 3129 戸、津波発生、地盤沈下あり
1946 年 （昭和 21 年）	M8.0	南海道沖	昭和の南海地震	中部以西で被害甚大、死者 1330 人、倒壊家屋 11591 戸、焼失家屋 2598 戸、津波発生、地盤沈下あり

　ほど示したような秒速 200 メートルの速さで津波は日本に到達しますから、遠い場所であっても太平洋内で発生した地震を無視することはできません。
　逆に 2011 年東北地方太平洋沖地震では、翌日にこの地震による津波が南北のアメリカまでに到達しました。

図 2.4.6 チリ地震での津波の進行状況

2.5 火山噴火が作った列島の歴史

世界の火山分布

　図 2.5.1 は世界の火山分布を示したものです。すでにお気づきのとおり、この分布は、世界の地震の発生分布（図 2.1.1）と類似しています。例えば、日本周辺では、プレートの沈み込み帯に沿って火山が分布しています。逆にプレートが形成される場所に火山が分布するところもあります。つまり、海嶺と呼ばれるプレートが誕生する場所、その地域から両側に拡大する場所にも火山が存在します。さらにプレートの中央部、海の中に点在する火山島も見られます。
　火山噴火のメカニズムも地震が発生するメカニズムと同様に、その大部

図 2.5.1 世界の火山分布

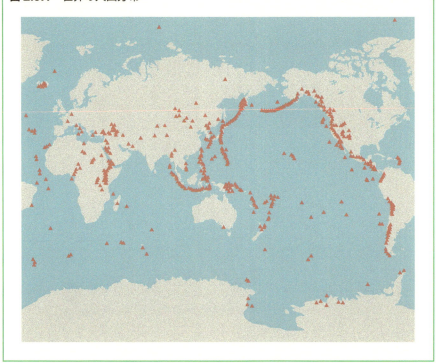

分はプレートの動きやプレート同士の関係から説明できます。**図 2.5.2** は、前にも紹介しましたプレートテクトニクスによる島弧の火山の模式図です。

　太平洋プレートの上に存在するのが、いわゆるホットスポットと呼ばれる火山が形成される場所です。有名なのはハワイ諸島の中のハワイ島であり、現在も活発な火山活動が続いています。ハワイ諸島は主に4つの島からなっていますが、これはホットスポットを通過する海洋底、つまりプレートの動きとも関連しています。ホットスポットの位置にある火山の下には、固定されたマグマの供給源があると考えられ、プレートが移動することによって火山の位置は、ずれていきます。そのメカニズムを簡単に示したのが、**図 2.5.3** です。

　このようなホットスポットは地球上に数十カ所存在し、ハワイ諸島以外でも、アイスランドなどもそのような火山と見なされています。ホットスポットは海洋上の火山島だけでなく、アメリカのイエローストーン国立公

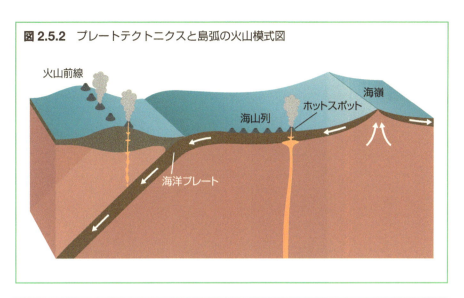

図 2.5.2　プレートテクトニクスと島弧の火山模式図

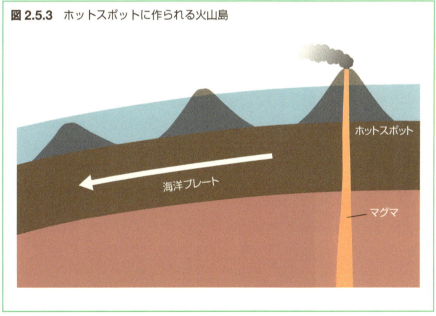

図 2.5.3　ホットスポットに作られる火山島

園など陸上にも存在します。

　ところで、ハワイ諸島のキラウェア火山やマウナロア火山などは、火山活動が活発ですが、大きな被害を人々や社会に与えないのでしょうか。確

表 2.5.1 火山の構成岩石、性質

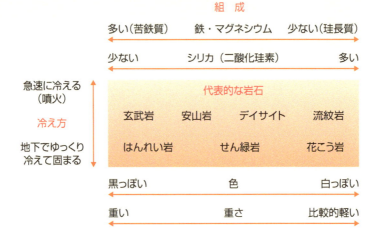

かに火口近くに居住することはできませんが、観光などで近くまで人が近づくことができます。これには火山の性質も関係します。ハワイ諸島の火山は玄武岩質のマグマで粘性度が低く、さらさらと溶岩が流れます。そのため、火山も標高のわりにはなだらかな形状を示しています。日本でも伊豆諸島の三原山などは玄武岩質のマグマからなっています。

　一方、火山の中には、構成するマグマの粘性度が高く、流紋岩質のマグマからなる釣り鐘のような形状をした火山も見られます。昭和新山や有珠山などはこちらのタイプになります。これらの性質の違いはマグマの中に含まれている二酸化ケイ素の量の違いによります。二酸化ケイ素の量が多いと粘性度が高く白っぽい岩石になり、逆にこの量が少ないと粘性度が低く、黒っぽい岩石となります。

　このようなマグマの性質の違いによって、火山の見た目の形も違ってきます。それらをまとめたのが、**図2.5.4** です。

　さて先ほど、ハワイ諸島の火山では粘性度の低いマグマからできているので、噴火して、溶岩が流出しても近くまで行くことができると述べました。一方、粘性度の高い火山の噴火は爆発的な噴火が多く、火山活動が活発な時は近づくことができません。ただし、そのように考えられていましたが、粘性度の低いはずのハワイ諸島のキラウェア火山が水蒸気爆発によって山体の一部が飛ぶような噴火をしたこともあります。

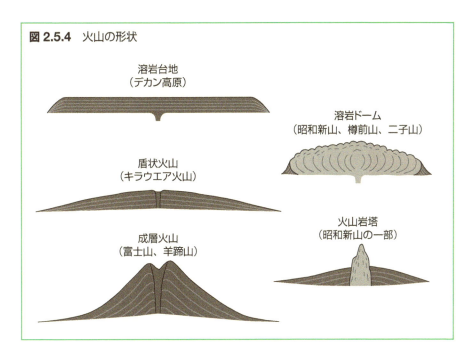

図 2.5.4　火山の形状

日本列島の特色と火山

　確かに、図 2.5.1 のような世界地図から見ますと、日本列島は、地震分布も火山分布も多い点では類似しています。しかし、次の図 2.5.5 のように日本での火山が存在する位置を詳細に見ていきますと地震の分布とは、若干異なっていることもわかります。

　まずは、類似している原因を地下の構造から見ていきましょう。図 2.5.6 は、日本の東北地方周辺で、東側から太平洋プレートが西側の北アメリカプレートに沈み込んでいくところを示しています。太平洋プレートの沈み込みに北アメリカプレートも引きずり込まれ、ある程度ひずみが蓄積されると、反発して跳ね上がります。この時、地下の岩石の破壊が地震波として地表に伝わることは前述のとおりです。さらに、ここではプレート同士が接触した部分で熱が発生し、それと高圧および水の存在が原因となってマグマ溜まりが生じ、これが火山噴火のもととなります。

　地下の地震源の分布がプレート同士の接触部分に沿って、つまり、太平洋側から大陸側に深くなっていくのに対して、火山分布は太平洋側から一

図 2.5.5 日本の主な火山分布の様子

定の範囲内では見られません。太平洋側からある距離において、火山帯が列を作っています。図 2.5.5 に示したように、日本列島の中で、火山が海岸線と平行に南北方向に分布するラインを火山前線と呼びます。

昭和新山の記録と新たな火山島の出現

　火山はどのように誕生し、そして成長するのでしょうか。火山噴火とは違って、そのような機会を人類が目の当たりにすることは、なかなかできなかったと言えるでしょう。しかし、その稀な貴重な記録が、北海道の昭和新山の誕生と成長を克明に記した三松ダイアグラム（図 2.5.7）です。現在でもこの三松ダイアグラムにより、昭和新山の誕生の経過を克明にうかがい知ることができます。この原図は、三松正夫記念館（昭和新山資料館）に保存されています。

　また、日本列島周辺には、現在も新たな火山島の拡大が見られます。例

図 2.5.6　島弧・海溝系でのマグマの発生場所

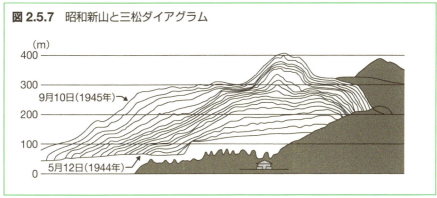

図 2.5.7　昭和新山と三松ダイアグラム

えば、東京から約 1000 km 南に存在する小笠原諸島、西之島は 2013 年 11 月から約 2 年の間、噴火が続き、その結果、現在の陸地は、以前の 12 倍にまで広がっています。しばらく休止していましたが、2017 年 4 月にも噴火が見られ、さらなる島の拡大が予想されています。2016 年 10 月に噴火後まもなくの生態系調査が行われたり、2017 年 4 月には、火口周辺からの

噴出物が接近した飛行機から観測されています。ただ、このような学術調査のための接近によって、思わぬ二次災害が発生することがあります。なお、噴火が認められると、気象庁は火口周辺警報（入山危険）を発表し、注意を呼びかけます。

火山災害と火山の恩恵

　北海道には多くの火山が存在します。昭和新山と隣接した有珠山の2000年の噴火は、気象庁が命名する程の大規模な噴火でした。しかし、犠牲になった人はいませんでした。これは噴火の兆しを捉えた研究者と行政の適切な動きが功を奏したと言えるでしょう。この時の西山火口周辺の道路などの被害状況がそのままの状態で残されていて、噴火の凄まじい様子をうかがうことができます。図2.5.8は、この時の噴火の跡と、西山火口周辺の様子で、西山火口周辺は現在見学が可能です。なお、有珠山のカルデラ湖である洞爺湖は、2008年の「洞爺湖サミット」で有名になりましたが、日本で最初にユネスコから世界ジオパークに認定された地域の1つです。

　洞爺湖をはじめ、日本には火山に関連した様々な湖が存在します。北海道に噴火湾と名付けられている湾があります（内浦湾が正式名称です。図2.5.9）。名前から類推すると、鹿児島県の錦江湾（鹿児島湾）のようにかつての姶良火山などの噴火によって生じたカルデラ湖のように思えます。実際にその形状からそのように考えられた時期もありましたが、噴出物が見られないことから、現在はカルデラ湖とは考えられていません。

図2.5.8　2000年有珠山噴火の記録

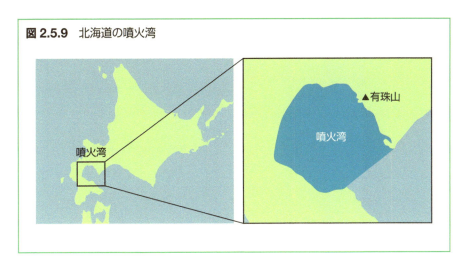

図 2.5.9　北海道の噴火湾

実はこの名称は、幕末に日本を訪問した外国人が船から湾を眺めたところ、有珠山や北海道駒ヶ岳などの火山が並び、また周辺にも多くの火山が見られることから、その湾を噴火湾と名付けたことによります。

近年の火山噴火による大惨事

噴火の前兆を見逃さずに避難することで犠牲者0だった有珠山の噴火とは一転して、死者58名、行方不明者5名となる大惨事となったのが2014年の御嶽山の噴火です（**図 2.5.10**）。しかし、気象庁はこの噴火に命名をしていません。というのもこの噴火は、水蒸気爆発のレベルであり、大規模噴火ではないとされたからです。確かに1979年にも水蒸気爆発を起こしていますが、この時は近くに人がほとんどいなかったこともあり、軽傷者1名のみの人的被害にとどまっています。

2014年の噴火は9月の絶好の観光シーズン、しかも晴天の土曜日とあって多くの登山客が訪れていました。それまで全く噴火の気配がなかったのが、いきなり水蒸気爆発が起こり、火山弾、火山灰が噴火口周辺に降りそそぎました。山荘の中にいた人たちは無事でしたが、神社周辺にいた人たちは、噴出物から逃げることができず、火山弾などの直撃で尊い命を失いました。

なお、御嶽山は1979年まで噴火の記録がなく、有史以来との表現もされています。しかし、それまで本当に噴火がなかったかと言えば疑わしい

図 2.5.10 御嶽山の噴火後の周辺

ところもあります。要は噴火した時に近くに人がいたのか、また、人が記録に残したのかどうかで異なってきます。繰り返しますが、人がそこにいたかどうかで災害になるのであり、近くに人がいなければ記録にも歴史にも残りません。

なお、2017年1月に噴火事故として遺族の方が国（気象庁）に対して訴えを起こし、5月には負傷者の方が同様に訴訟を起こしています。その根拠として、気象庁は噴火前の2日間、噴火警戒レベルを引き上げる基準である1日50回以上の火山性地震を観測していたのにもかかわらず、山頂の火口周辺およそ1キロを立ち入り規制とする「噴火警戒レベル2」への引き上げを怠ったことを挙げています。「噴火警戒レベル2」は山頂の火口周辺およそ1キロを立ち入り規制するものです。

噴火警戒レベルとは、どのようなものか簡単に**表2.5.2**に示しておきます。

近年の噴火災害（雲仙普賢岳）

戦後、御嶽山の噴火に次ぐ43名という多くの人が犠牲になったのが、1991年の雲仙普賢岳（長崎県）の噴火です。高温の火砕流から逃げ遅れ

表 2.5.2 気象庁の噴火警戒レベル

種別	名称	対象範囲	レベル	キーワード	説明 火山活動の状況	説明 住民等の行動	説明 登山者・入山者への対応
特別警報	噴火警報（居住地域）又は噴火警報	居住地域及びそれより火口側	5	避難	居住地域に重大な被害を及ぼす噴火が発生、あるいは切迫している状態にある。	危険な居住地域からの避難等が必要（状況に応じて対象地域や方法等を判断）。	
特別警報	噴火警報（居住地域）又は噴火警報	居住地域及びそれより火口側	4	避難準備	居住地域に重大な被害を及ぼす噴火が発生すると予想される（可能性が高まってきている）。	警戒が必要な居住地域での避難の準備、要配慮者の避難等が必要（状況に応じて対象地域を判断）。	
警報	噴火警報（火口周辺）又は火口周辺警報	火口から居住地域近くまで	3	入山規制	居住地域の近くまで重大な影響を及ぼす（この範囲に入った場合には生命に危険が及ぶ）噴火が発生、あるいは発生すると予想される。	通常の生活（今後の火山活動の推移に注意。入山規制）。状況に応じて要配慮者の避難準備等。	登山禁止・入山規制等、危険な地域への立入規制等（状況に応じて規制範囲を判断）。
警報	噴火警報（火口周辺）又は火口周辺警報	火口周辺	2	火口周辺規制	火口周辺に影響を及ぼす（この範囲に入った場合には生命に危険が及ぶ）噴火が発生、あるいは発生すると予想される。	通常の生活。	火口周辺への立入規制等（状況に応じて火口周辺の規制範囲を判断）。
予報	噴火予報	火口内等	1	活火山であることに留意	火山活動は静穏。火山活動の状態によって、火口内で火山灰の噴出等が見られる（この範囲に入った場合には生命に危険が及ぶ）。	通常の生活。	特になし（状況に応じて火口内への立入規制等）。

た人や救出作業にあたった消防団の方が犠牲となりました。犠牲となった人の中にはマスコミ関係者、海外の著名な火山学者なども含まれています。

　火砕流の正体は高温のガス体であり、火山灰などを巻き込み、高速で山の斜面を下り降ります。とても逃げ切れるものではありません。

　このように災害の原因となる火山噴出物には、様々なものがあります。噴煙から降り注ぐ降下火砕物（火山灰、火山礫）をはじめ、噴石や火山弾、さらには溶岩流や火砕流などです。

　犠牲者477名を生じた1888年の会津磐梯山（福島県、**図 2.5.11**）の噴火では、火口付近の岩体や大きな火山弾などが噴火後に転がってきました。**図 2.5.12** は現在も残っている見祢の大石と呼ばれるその時に運ばれた岩

図 2.5.11 会津磐梯山

図 2.5.12 会津磐梯山の噴火時に運ばれた火山岩体

体の1つです。

　雲仙普賢岳（**図 2.5.13**）はたびたび噴火を起こして甚大な被害を与えて

図 2.5.13 現在の雲仙普賢岳

おり、その記録が残っています。例えば、江戸時代の1792年に雲仙普賢岳が噴火し、1万5000名が亡くなっています。被害は雲仙周辺だけでなく、対岸の熊本県まで及びました。というのも、この火山性地震によって眉山(島原市)が山体崩壊して、大量の土砂と火山堆積物が一気に有明海に流れ込んだため、津波が発生し、対岸の熊本県を襲ったのです。これは「島原大変、肥後迷惑」という言葉で残っています。

このように、日本では多くの火山が存在しています。気象庁が噴火警戒レベルを設定している火山の分布を次の**図 2.5.14**に示します。

日本でも無視できない海外での火山噴火

イタリアのポンペイという町は、紀元79年、ベスビオス火山の噴火で生じた火砕流によって、短時間で消滅しました。火山噴火の怖さを印象づける歴史的な事例です。

ただ、火砕流や火山灰といった火山堆積物によって、紀元79年当時のポンペイの街並みや生活空間がそのまま残されているということは、考古学的にも意義があります。現在も発掘調査が進んでおり、当時の文化レベ

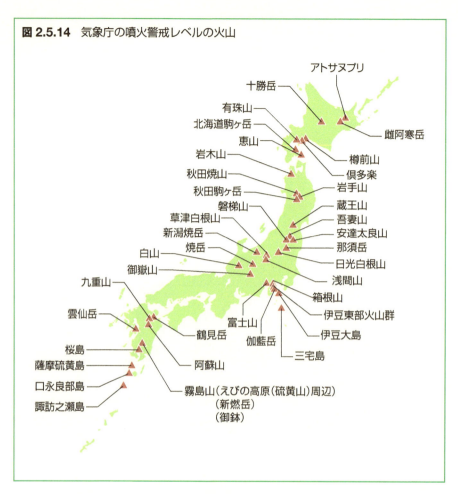

図2.5.14　気象庁の噴火警戒レベルの火山

ルの高さがうかがえます（図2.5.15）。

過去の火山噴火

　三松ダイアグラムや、現在成長しつつある西之島などの小笠原諸島の島々のように、火山の噴火や成長のようすを実際に観察できる場合もあります。しかし、有史以前や記録する人がいなかった場合、地質調査などから復元するしかありません。

　前節でイタリア・ポンペイの例を紹介しましたが、火山堆積物やそこに含まれている遺物から、火山災害の状況を復元できる場合があります。日

図 2.5.15　発掘されたポンペイの建物

本にも似た事例はいくつか残っています。

　その1つに浅間山の噴火による鎌原村での例があります。浅間山（**図 2.5.16**）は標高 2568 m、群馬県嬬恋村と長野県軽井沢町にまたがり、世界でも有数の活火山です。歴史的な被害をもたらした天明3年（1783年）の大噴火は有名です。この日、火口より北側約 12 km にある鎌原村は、浅間山の大噴火による土石流に襲われ、当時の村の人口570名のうち、477名が犠牲となりました。助かったのは、村外にいたり、噴火後に階段を上り観音堂まで避難できた93名のみでした。現在でもたまに噴火で逃げ遅れた人が発掘され、東洋のポンペイと呼ばれることがあります。

　群馬県榛名山近くの発掘現場からも火山噴火に巻き込まれたと思われる人骨が見つかっています。6世紀初めの古墳時代の榛名山噴火による火砕流で埋没した場所から、鉄製の鎧を着た人骨や首飾りをした人骨が発見され、注目されています。特に鎧を着た人物は多くの人が避難する中、榛名山に向かって祈ったまま噴火によって亡くなったと考えられています。

　日本で一番最古の火山災害はいつでしょうか。日本で文字が理解されるようになったのは、古墳時代と考えられています。縄文時代や弥生時代には、文章の記録がなく、弥生時代の記録も中国に残っているだけです。日

2.5　火山噴火が作った列島の歴史

図 2.5.16　浅間山

　本列島に人類が生活していた時に大規模な火山噴火があったことが推定できるのは、旧石器時代や縄文時代です。旧石器時代の姶良(あいら)カルデラ、縄文時代の鬼界(きかい)カルデラは西日本の旧石器・縄文文化に大きな影響を与えたと考えられます。それらの火山堆積物の範囲を図 2.5.17 に示します。

　縄文時代の特色として、東日本は火焔型土器（燃え上がる炎を象ったような土器）など華々しい縄文文化が残っています。一方で、西日本では、東日本ほどは目立った遺跡や遺構、遺物などは発掘されていません。旧石器時代にはすでに九州には人がいたこと、弥生時代以降の文化の発展を考えると意外な気がします。おそらく九州南部での大規模な火山噴火が大きな影響を与えていたのでしょう。

噴火予知の難しさ

　雲仙普賢岳や御嶽山の事例からも、過去に火山噴火が発生したことが明らかでも、次にどのような規模で、さらにいつ噴火するのかを予想するのは困難なことが多いのも事実です。2000 年の有珠山の噴火では、噴火予知や行政の対応が適切であったので犠牲者は出ませんでしたが、どの火山でも噴火を予測して効果的な避難が行われるとは限りません。火山性地震が

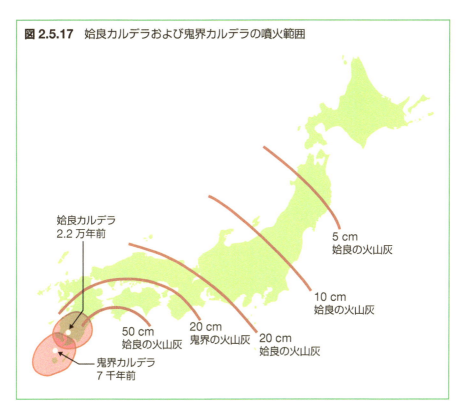

図 2.5.17 姶良カルデラおよび鬼界カルデラの噴火範囲

増えたとか、水蒸気など火山性物質が目立つようになったとか、前兆現象のようなものが見られたとしても火山噴火が発生するとは限らないからです。さらに、御嶽山のようにいきなり噴火が発生したら、人間の力では対応のしようがありません。

最新の科学技術を用いても噴火予知はなかなかできません。かつて、1986年伊豆大島三原山が噴火した時などは、タイミング悪く、火山噴火予知連絡会が噴火が収まったと判断した後でした。

噴火予知の難しさは大正時代に発生した桜島の噴火においても、指摘されています。1914（大正3）年噴火の10年後に建てられた記念碑に「理論は信ぜず」と刻まれているのが印象的です。少し長い文章ですが、当時の現状をよく示しているので、そのまま引用します。

「大正三年一月十二日、桜島の爆発は安永八年以来の大惨禍にして、全

島猛火に包まれ、火石落下し、降灰天地を覆い、光景惨憺を極め、八部落を全滅せしめ、百四十人の死傷者を出せり、その爆発の数日前より、地震頻発し、岳上は多少崩壊を認められ、海岸には熱湯湧沸し、旧噴火口よりは白煙を揚がる等、刻々容易ならざる現象なりしを以って、村長は、数回測候所に判定を求めしも、桜島には噴火なしと答う。故に村長は、残留の住民に、狼狽して避難するに及ばずと論達せしが、間もなく大爆発して測候所を信頼せし、知識階級の人却て災に投じ、漂流中、山下収入役、大山書記の如きは終（つい）に悲惨なる殉職の最後を遂ぐるに至れり。

本島の爆発は古来歴史に照らし、後日復（また）亦免れざるは必然のことなるべし。住民は理論に信頼せず、異変を認知する時は、未然に避難の用意、尤（もっと）も肝要とし、平素勤倹、産を治め、何時変災に遭うも路頭に迷はざる覚悟なかるべからず。

大正十三年一月　東桜島村」

　その後も危険と判断されるたびに、入山禁止の発令がされました。ただ、噴火しなかった時のことを考えますと、行政も指示を出しにくいのが実情です。地元の観光業界が大きなダメージを受けるからです。
　2015年の伊豆箱根では、前年御嶽山の噴火があったために、早めに警戒を出しましたが、結果的に噴火は起こりませんでした。この時の観光業界への被害は風評被害の方が大きかったと言えるでしょう。

An Illustrated Guide to Earthquake, Eruption, and Abnormal Weather of the Japanese Islands

第 **3** 章

気象に関する自然災害
―豪雨・豪雪・台風 etc.

3.1 水害の原因となる日本列島の降水量

世界の大都市の降水量と日本各地の降水量

　世界の代表的な都市の月ごとの降水量を一覧にしたのが**図 3.1.1** です。これを見ると日本は先進諸国の中でも年間を通して降水量の多い国であることがわかります。日本全体としてだけでなく、東京の年間降水量を各国の大都市（ニューヨーク・パリ・シドニーなど）のそれと比較しても同様です。

　日本列島は、温帯モンスーン気候に属しています。四方を海に囲まれ、日本列島を訪れる季節風（モンスーン）は海から多量の水分を吸収し、それを日本列島で放出するのですから、年中、湿度が高くなり、降水量も多くなります。気温は、夏は 30℃以上の高温の日が続き、冬は比較的寒冷で、年較差が大きいのも特色です

　日本列島は位置的には中緯度にありますが、南北に長く延びており、気候・気象・海洋・地形・地質などの様々な自然条件によって、自然環境も複雑になっています。それらを反映して、日本列島の中でも、降水量の多い地域と少ない地域とがあります。例えば、太平洋や日本海に面した地域と、瀬戸内海のような海水域をもつ地域、全く海には接しない地域など、場所によって降水・降雪の状況も違っています。

　また、四季の区別が明確な日本列島では、季節や時期によっても、降水量は異なってきます。さらに、地域としても、夏に降水量が多いところ、冬に多いところなどの差もあります。冬の降水量の多い地域は、降雨の量というよりも、むしろ降雪量と関連するものです。次の**図 3.1.2** は、これらの様子を示したものです。

　上の 2 つのグラフからも、他の国と比べて日本列島はどの地域も比較的、降水量が多いことがわかります。この降水量の多さが、日本の特色や文化を築いてきたとも言えるでしょう。例えば、安定した降雨量は、弥生時代にまで遡る日本の稲作農業の導入とその後の発展に大きな貢献をしてきました。イネの生育には多量の水が必要となるため、日本に限らず、東アジア～東南アジアなど、現在も稲作農業が広がっている地域（**図 3.1.3**）と

図 3.1.1　世界の主な都市の年間降水量

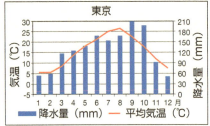
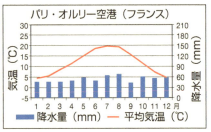
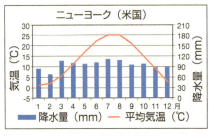
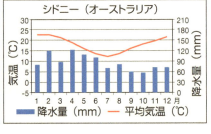

その降水量には密接な関わりがあります。同時に、これが自然災害の発生にも大きく関連してきます。

　降水量の多さは、河川の氾濫や洪水などのきっかけになるなど、直接、水害につながります。水害との戦いは、日本列島に住み、稲作農業を生活基盤とする人達にとって、太古の時代から続く大きな試練でした。自然災害の犠牲者数が世界においてアジアが90％以上を占めているのも、稲作農業を主体とする地域が多く、頻繁に発生する水害の影響によるとも言えるでしょう。

　日本列島では、稲作農業が大陸から伝来した時期、それまで丘陵地や中山間部で狩猟や採集生活などを営んでいた人々が、河口周辺の河川流域に移動し、そこを生活の拠点とするようになりました。弥生時代になって、列島各地の沖積平野が発達してきたことも、稲作農業が展開されるには好都合でした。現在の日本の大部分の大都市が沖積平野に立地しているのは、この時代の稲作農業がきっかけであったと言えます。なお、世界を見ると、稲作農業と無関係な都市は高地や盆地などに立地することも多く見られ

図 3.1.2 日本の各地域の降水量

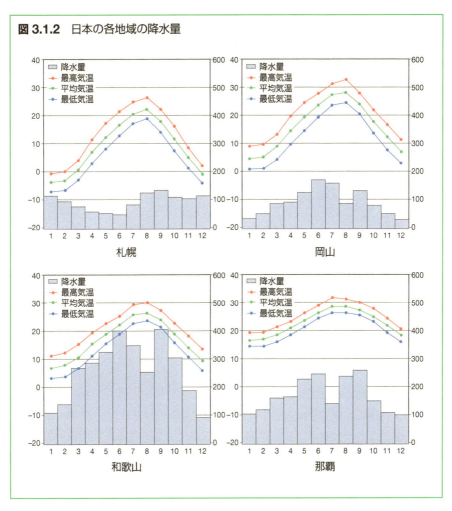

ます。

　一方で、降水量が少なければ干ばつとなり、稲作農業や農作物の生育に悪影響を与えます。気象災害などの自然災害発生後、飢饉などの二次災害によって、大きな被害が繰り返して発生したことが歴史書などに記されています。

　河川の水の量を調整し、自分達の生活に活用すること、逆に洪水から生活を守るために河川に働きかけること、つまり、利水・治水への取り組みは日本列島において、有史以来の切実な問題でした。水を一定の場所にと

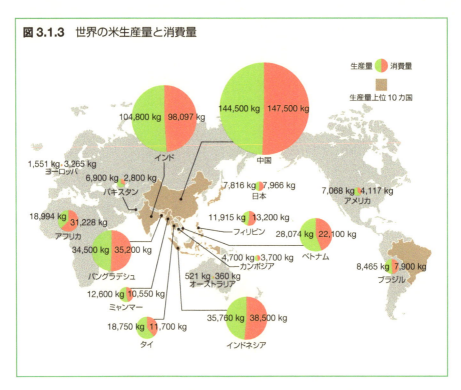

図 3.1.3　世界の米生産量と消費量

どめたり、水の流れや量をコントロールしたりすること、例えば、堤防を築いたり、浚渫を行ったり、放水路を作ったりするなど、日本では、水害から人々や地域を守るために、常に各時代の最先端の科学技術が取り入れられてきました。これは弥生時代から現在までも続いてきたことですが、最終章でより詳しく見ていきます。

上昇気流と積乱雲

現在でも、集中豪雨が発生し短時間に降水量が増加すると、河川の破堤や氾濫などによって大水害が生じることもあります。山間部では、崖くずれ・斜面崩壊や土石流、地すべりなどの土砂災害（次節で詳しく述べます）が発生して甚大な被害が発生する可能性が高まります。

ところで、恵みにも災害にもなる降水はどのようなメカニズムで生じるのでしょうか。雨のでき方について少し触れてみましょう。この根本的な説明として、空気塊の上昇、つまり上昇気流の発生が挙げられます。

地表付近の空気塊が暖められると、気体の体積は膨張して増加し、密度が小さくなります。そのため、周囲の空気より軽くなり、空気塊は上昇していきます。一定量の空気中に存在できる水蒸気の量は温度によって決まっています。この量のことを飽和水蒸気量といい、空気の温度が高いほど多く、温度が低いほど少なくなります。

　さらに空気塊が上昇すると空気塊の周辺の温度は低下します。空気の温度が下がると、飽和水蒸気量が小さくなり、一部の水蒸気は凝結して水滴となります。この時の温度、つまり水蒸気が水になる時の温度を露点と言います。空気が上昇して、露点が下がるため水滴が発生し、水滴の集団とも言える雲ができるというわけです（図 3.1.4）。

　露点とは文字通り、「露」のできる温度です。冷たい地面などによって地表付近の空気が冷やされて露点に達すると、空気中の余分な水蒸気が液体の水に変化し、地面近くの草などに露として付きます。

　さて、生じた雲が上昇すると、水滴の発生が増え、それらが合体して雨滴となり降水となります。地面の温度と上空の温度差が大きいほど、空気塊の上昇速度は上がり、急激な積乱雲（入道雲）を生じて、短時間に多量

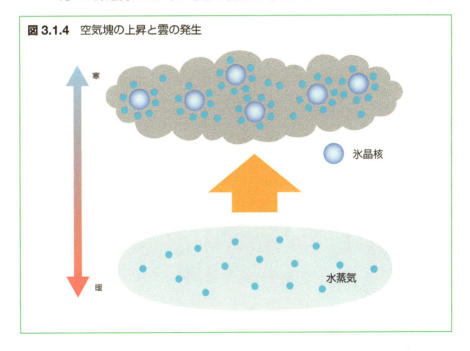

図 3.1.4　空気塊の上昇と雲の発生

の降水が発生します。日本の夏の雨や熱帯地方では、このような仕組みで雨が降ります（**図3.1.5**①）。

　積乱雲が発生して豪雨となることは、昔から日常的な自然現象であり、夏の夕立や熱帯地域のスコールなどはこの典型的な例です。近年は、短時間に局地的に多量の雨が降ることを「ゲリラ豪雨」と呼んでいます。ただ、気象庁では「ゲリラ豪雨」は使用せず、「局地的大雨」や「短時間強雨」という用語を使っています。

　一方で、日本の夏季の集中豪雨以外の多くの雨は、これとは少し違ったメカニズムで降ります。それを示したのが、**図3.1.5**②です。一般的には、約−10℃以下の低温の大気中では、雲の中に氷晶と水滴が混ざっています。水滴の多くは0℃以下になっても凍らず、過冷却と呼ばれる状態になっています。その水滴が水蒸気となり氷晶を成長させます。その結果、重くなって落ち、より暖かい下の層で溶け、雨となります。日本で年間を通して見られるこの典型的な雨は「冷たい雨」、先ほどの雨は「暖かい雨」と呼ばれることもあります。

　氷晶となって落ちていく時、空気の温度が0℃以上だと雨になりますが、

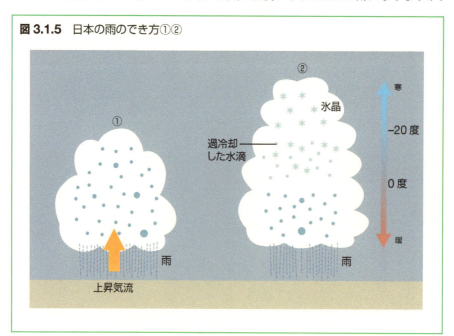

図3.1.5　日本の雨のでき方①②

大気の温度が 0℃ 以下の低い場合は、溶けずに地上に落下して雪となります。
　また、雪と似たものに雹と霰があります。積乱雲から降ってくることは同じですが、直径 5 mm 以上の氷の粒のことを雹、直径 5 mm 未満のものは霰として区別されています。
　雹は降った時に大きな音を立てて屋根などに当たるため、すぐに気づききます。直径数 cm のサイズのものがかなりの速度（直径が 5 cm 以上もあるような大きな雹は落下速度が時速 100 km を超えると言われます）で落ちてくると言うより飛んでくるに近い状況ですので、大きな被害が生じることも珍しくありません。住宅の屋根や窓ガラスが破損したり、農作物が被害にあったりしますが、大きな雹が人間に直撃した場合には死亡することもあります。
　記録が残っている中で日本最大級の被害と言ってもよいのが、1933 年 6 月、兵庫県で暴風の中で生じた直径 4～5 cm の雹でしょう。これは、死者 10 人、負傷者 164 人、住宅 500 棟以上が全半壊に達するという大災害となりました。近年でも、2000 年 5 月に千葉県北部・茨城県南部で暴風を伴った直径 5～6 cm の降雹があり、負傷者は 162 人、家屋の被害は約 48000 軒にものぼりました。最近では、2014 年 6 月にも東京都三鷹市や調布市の住宅街に、豪雨とともに降雹が発生して、周辺の道路が一面流氷のような状態になり、また、2017 年 7 月には、夕方に東京、豊島区の JR 山手線の駒込駅で天井の一部が降雹によって割れる被害がありました。
　雹や霰のでき方は、雨や雪よりも少し複雑なところがあります。雹は激しい上昇気流を持つ積乱雲内で生成します。雹は空中に落下して表面が融解し、上昇気流で再び雲の上部に吹き上げられて融解した表面が凍結することを繰り返します。その繰り返しの中で、氷粒が成長して大きな雹となります。大きくなった雹の重さを上昇気流が支えきれなくなると地上に落下し、被害を与えます。先ほどの事例のように、5～6 月にかけて降雹の被害が多いのは、夏よりも低い気温とも関係します。

季節によって異なる降水量

　日本列島は世界でも降水量が多い地域ですが、季節によっても異なります。風水害が多く発生するのは、梅雨や台風の時期です。梅雨がなぜ起こるのか見ていきましょう。

まず、日本列島周辺に存在する 4 つの気団を無視することができません。気団とは、広い範囲にわたって存在し、気温や水蒸気量がほぼ一様な空気の塊のことをいいます。4 つの気団とはシベリア気団、オホーツク気団、小笠原気団、揚子江（長江）気団のことです。4 つの気団の位置を図 3.1.6 に示します。それぞれ、シベリア高気圧、オホーツク海高気圧、北太平洋高気圧が代表的なものですが、揚子江（長江）気団の一部は偏西風によって移動する移動性高気圧になります。また、台風（熱帯高気圧）の原因となる熱帯気団も南から日本に接近することもあります。これらの気団は、日本の気候・気象に大きな影響を与え、日本の四季はこれらの気団の関係で説明することができます。

　まず、梅雨の時の様子を見てみましょう。図 3.1.7 は梅雨の時の天気図です。日本列島では、ちょうど、北からオホーツク海高気圧と南からの北太平洋高気圧が張り出し、前線を作ります。この場合の前線とは、オホー

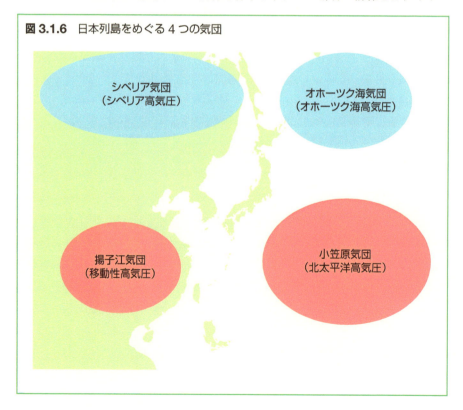

図 3.1.6　日本列島をめぐる 4 つの気団

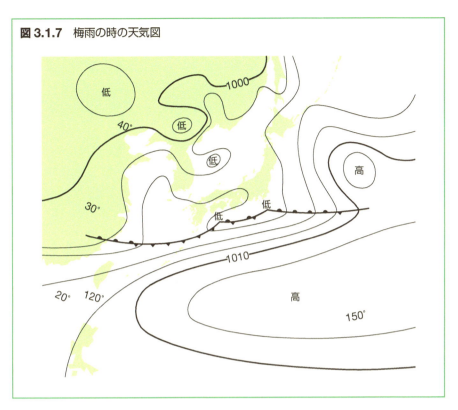

図 3.1.7　梅雨の時の天気図

ツク海高気圧の冷たく湿った寒気団と北太平洋高気圧の暖かく湿った暖気団とがぶつかり合った境界線のことです。一般に前線は、風向や風速の変化と降水を伴うことが多くなっています。

　日本列島の梅雨の原因となるこの時の前線は梅雨前線と呼ばれます。5月から7月にかけて、上の2つの気団は勢力がほぼ同じであるため、気団の間に停滞前線ができ、ほとんど動きません。そのため、梅雨前線付近では帯状の雲が広がり、雨の多いぐずついた天気が続きます。

　なお、前線は本州を横切って位置するため、北海道には梅雨は存在しません。前線が夏前に北上することもありますが、太平洋高気圧が勢力を増してオホーツク海高気圧は消滅し、北海道に到達する前に消えてしまいます。

　2017年7月には九州北部で豪雨により死者・行方不明者が40名を超える大きな被害が発生しました。その直前には島根県が集中豪雨に襲われま

3.1　水害の原因となる日本列島の降水量　79

した。梅雨の末期には自然災害につながるこのような現象が起こりやすくなります。そのメカニズムは、大気の下層では太平洋側から高温多湿の気流が流れ込み、上空には北西の冷たい乾いた空気が流れ込んでいるため、大気が不安定になり積乱雲が次から次へと発達し、豪雨になるというものです。次節に述べる2014年の広島土砂災害もそれと同じ状況で発生しました。

　一方で、秋も梅雨前線と同じメカニズムで前線（秋雨前線）が発生し、長雨が続くことがあります（図3.1.8）。つまり、夏の間、小笠原気団の勢いが優勢になって、日本列島が高気圧に覆われることが多くなり、暑く晴天の日が続きますが、秋になって小笠原気団の勢いが弱まると、オホーツク海気団との間に停滞前線が生まれます。これによって、雨の降りやすい日が続きます。秋雨前線がなくなると、高気圧と低気圧が、交互に日本列島を通過するようになります。また、小笠原気団が弱まるために、夏の間は北上できなかった台風が接近することが多くなるのも、秋の特徴です。

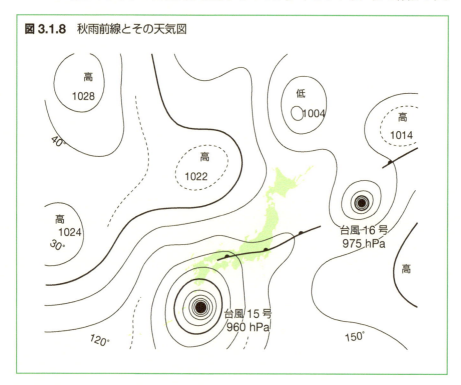

図3.1.8　秋雨前線とその天気図

前線が発達している時に、後述するような台風が通過すると降水量が増え、大きな被害が発生することもあります。

線状降水帯と集中豪雨

局地的な大雨、つまり集中豪雨が連続して降り、大きな被害が発生するメカニズムの例を挙げます。一般的には、積乱雲が発生し多量の雨を降らせると、その後、雲は消失します。しかし、消失した雲の後に別の場所で再び上昇気流によって新たな積乱雲が発生し、それが移動してきて、同じ場所に続けて豪雨が降ることもあります。これが何度も繰り返されると、土砂災害など大きな被害をもらたすことになります。近年、注目される局地的な豪雨はアメダスなどの記録を見ると、連続的に線状に形成されていることがわかります。そのため、この範囲は線状降水帯とよばれます（**図3.1.9**）。

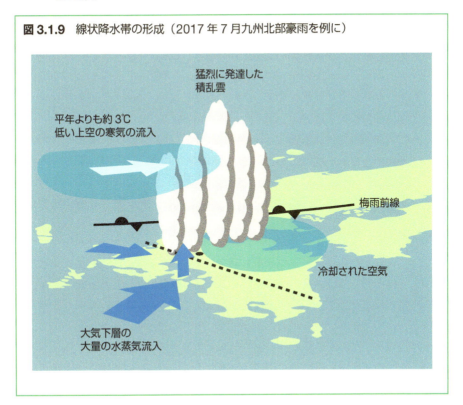

図3.1.9　線状降水帯の形成（2017年7月九州北部豪雨を例に）

2014年に発生した広島土砂災害の原因を説明する時に、線状降水帯の言葉が用いられました。これ以降、2015年9月関東・東北豪雨、2017年7月九州北部豪雨でも、線状降水帯の発生によるものと報道されています。それ以前の2012年7月の九州北部豪雨や2013年8月秋田・岩手豪雨なども線状降水帯の発生が原因と考えられています。

3.2 台風の発生と地球温暖化の影響

台風の発生メカニズムと発達

　台風の素となるのは、日本の南方の海水温の高い熱帯の海で発生した熱帯低気圧です。熱帯低気圧は北緯10度付近で発生しますが、夏は北緯20度くらいの海でも顔を見せるようになります。一般に台風とは、発生した熱帯低気圧のうち、赤道より北で、東経180度より西の太平洋または南シナ海に存在し、風速が17.2 m以上の強い風が吹くもののことをいいます。

　台風が発達していくのは、暖かい海面から発生した上昇気流が長時間供給されることと関連します。台風の誕生と成長、消滅の一連の状況は次の図3.2.1に示します。

　大規模な熱帯低気圧は、日本だけでなく、世界中の海で発生します。台風と同じ種類の低気圧で、ハリケーンやサイクロンと呼ばれるものもあります。「ハリケーン」とは、太平洋の赤道より北、東経180度より東に存在するものや大西洋北東部で発生する大型の強い熱帯低気圧のことを示します。「サイクロン」とは、インド洋、アラビア海、南太平洋に存在するものです。このように成因は同じでも、地域によって呼び方が異なります。

　発達した熱帯低気圧の分布を図3.2.2に示します。これを見ますと北太平洋西部北部での発生が最も多く、南大西洋では、ほとんど発生しないことがわかります。この図からも日本は台風に襲われやすい地域の1つといえるでしょう。

　台風は中心部よりも、中心から50〜100 kmのところで最も風雨が強くなります。台風の構造は図3.2.3のように空気が反時計回りに渦巻きながら中心付近に吹き込んで上昇気流が発生し、積乱雲が発達することが特徴

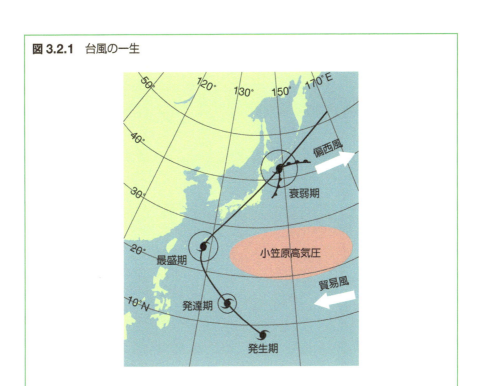

図 3.2.1 台風の一生

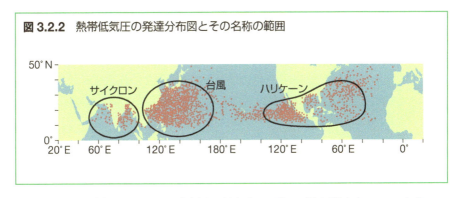

図 3.2.2 熱帯低気圧の発達分布図とその名称の範囲

です。台風の中心部は「台風の目」とよばれ、風が弱くなっています。ここでは下降気流が生じ、晴れていることもあります。

台風の進行と日本への影響

台風は夏に発達して北上しますが、これは、北太平洋高気圧による南か

図 3.2.3 台風の構造（断面図）

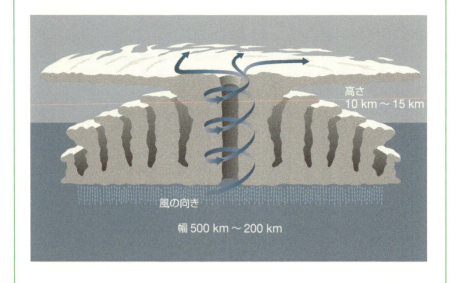

らの風を受けるからです。その後、中緯度に達すると偏西風によって西側から北東側に移動することが多くなります。そのため、通過点に位置する日本列島では多量の雨を降らせ、大きな被害を与えることにもつながります。

海水温度の低下や上陸などで台風への水蒸気の供給が少なくなると、エネルギーの供給量が減り、勢力は弱まります。その後、速度が速くなり、日本列島を通り過ぎ、温帯低気圧となって消滅します。

しかし、一度弱まった台風が再度海上を通過することで再び発達して大きな被害をもたらすことが過去に何度もありました。

図 3.2.4 に、台風が発生してから、日本列島を通過するまでの月ごとの経路を示します。発生した時の海水温によるエネルギー供給、北太平洋高気圧（小笠原気団）の季節による、張り出しなどによって経路は異なります。

台風の被害を拡大する高潮災害

台風や発達した低気圧が通過する時、潮位が大きく上昇することがあり

図 3.2.4　日本列島周辺の月ごとの台風経路

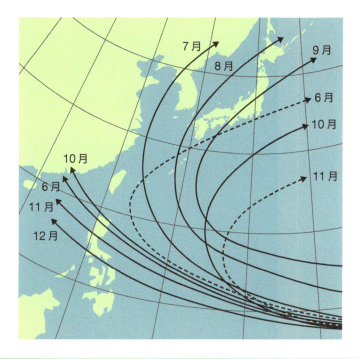

ます。これを「高潮」と呼びます。高潮の原因については次の2つのことが挙げられます。

　一つ目は、台風や低気圧の中心では気圧が周辺より低く、周りの気圧の高い空気は海水を押し下げ、中心付近の空気が海水を吸い上げるように働くため、海水面が上昇します（①）。二つ目は、台風や低気圧に伴う強い風が沖から海岸に向かって吹くと、海水は海岸に吹き寄せられ、海岸付近の海水面が上昇します（②）。これらをまとめて示したのが、次の**図 3.2.5**です。

　台風が発生した時に、海岸部では高潮が発生して、大きな被害を受けることがあります。1959年9月に発生した台風15号（伊勢湾台風）では、全国の死者・行方不明者が5098名という大惨事となりました。この台風は伊勢湾に高潮を引き起こし、名古屋港で3.45メートルという観測史上最高水位の気象潮（海面の昇降）を観測しています。犠牲者は、伊勢湾沿岸

3.2　台風の発生と地球温暖化の影響 | 85

図 3.2.5 高潮の発生メカニズム

の愛知・三重両県で4562人にもなりました。図3.2.6に伊勢湾台風の時の浸水範囲を示します。

　この台風をきっかけとして、1961年に防災の計画・実施の体制に関する国・地方公共団体の責務を定めた「災害対策基本法」が制定されました（なお、この法律は阪神淡路大震災、東日本大震災の時には見直されたり、適時改正されたりしています）。

地球温暖化による海面温度上昇

　先述のように台風が誕生したり、発達したりするエネルギー源は熱帯での暖かい海水です。近年、中緯度付近の水温が上昇の傾向にあるため、台風がより巨大化する可能性が指摘されています。さらに、海面温度の上昇によって、熱帯周辺だけでなく、日本列島近辺の温帯でも大きな台風が発生する可能性が高くなってきています。

　図3.2.7は120年間の地球の気温の変化を記したグラフです。この図から、地球の気温は、100年間に約0.65℃、上昇したことがわかります。こ

図 3.2.6 伊勢湾台風時の浸水範囲

の図での平年差とは1970〜2000年の30年間の平均値との差を示します。海面水位も50年間で約9cm上昇したと考えられています。これらは平均の値ですので、低緯度から中緯度にかけては、より上昇していると見られています。

　台風巨大化の問題は日本だけのことではなく、太平洋、大西洋、インド洋に面する多くの国々の共通の課題となっています。

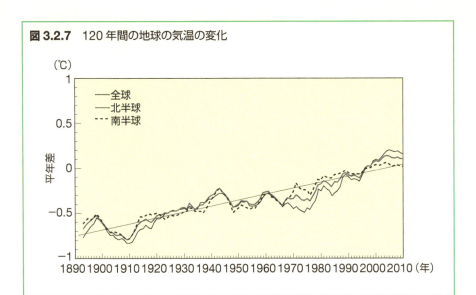

図 3.2.7　120年間の地球の気温の変化

3.3 豪雪地帯が広がる日本列島

日本の面積の半分を占める豪雪地帯

　意外なことかもしれませんが、日本は世界でも有数の豪雪地帯を有する国です。図3.3.1は日本列島で豪雪地帯や特別豪雪地帯の指定されている地域を示したものです。国土の約半分が豪雪地帯となっていることがわかります。このうち全域が豪雪地帯となっているのは、北海道・東北地方・日本海側の地域の10道県です。

温帯日本での豪雪の原因

　日本はなぜ豪雪地帯が多いのでしょうか。北海道のように冷帯に属しているところ、年間の平均気温が低い地域は納得しやすいでしょう。ヨーロッパは暖流の影響もあり、日本より高緯度にある国、例えばイギリスなどでも雪は多くありません。しかし、日本では、緯度的には必ずしも高くない中部地方や近畿地方、さらには中国地方の日本海側でも降雪量が多くなっ

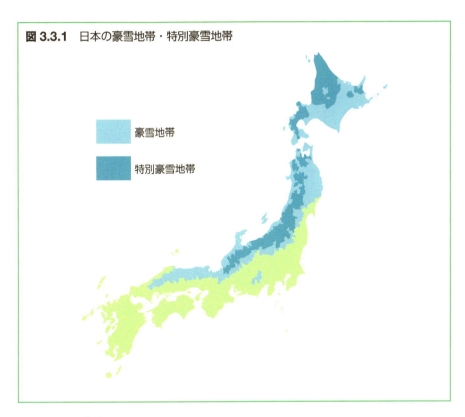

図 3.3.1 日本の豪雪地帯・特別豪雪地帯

ています。

　これには、冬型の西高東低型の気圧配置、つまり、ユーラシア大陸に発達したシベリア高気圧から、気圧の低い南東の日本列島へ冷たい空気が吹き込むことが大きな原因となっています。**図 3.3.2** に冬、日本海側に大雪をもたらす典型的な西高東低型の気圧配置を示します。

　このシベリア高気圧から吹き出した低温の乾燥した北西の季節風が、比較的高温の日本海を通過する時、海面から上昇した多量の水分を吸収します。そして、この空気が日本列島の山脈にぶつかって、日本海側、特に山沿いに多量の雪を降らせます。これが日本列島において大雪を降らせる直接の原因です。この時、日本海側には筋雲と呼ばれる雪雲が見られます。

　また、太平洋側では、下降気流となってからっ風と呼ばれる乾いた空気となります。そのため、太平洋側では晴天となります。このことを模式的に**図 3.3.3** に示します。

図 3.3.2 西高東低型の気圧配置

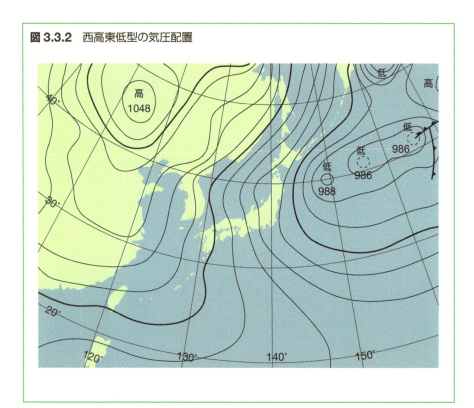

　ところが、日本海側に多量の雪が降る理由は強い季節風の影響だけではありません。日本海の上空に強い寒気が南下して、日本海が気圧の谷となった場合にも見られます。この時、西寄りの風向きとなり、風速も弱まって日本海沿岸の平野部に大量の雪を降らせることがあります。この状況を**図 3.3.4** に示します。

　さらに、地形にも大きく関係しています。北西の多量の水分を含んだ冷たい風が日本列島の山岳地帯にぶつかった時、中部日本から近畿日本でも豪雪となります。いくつかの例を挙げてみましょう。

　日本有数の豪雪地帯である新潟県上越市は、ちょうど、佐渡島と能登半島の間を北西から多量の水を吸った寒気が入り込み、妙高山あたりの山々にぶつかって、大雪を降らせます。日本で最も雪が積もった地域の１つにこの上越市があるのはそのためです（**図 3.3.5**）。

　ただ、地震のところでもお話しましたが、豪雪地帯に大きな地震が発生

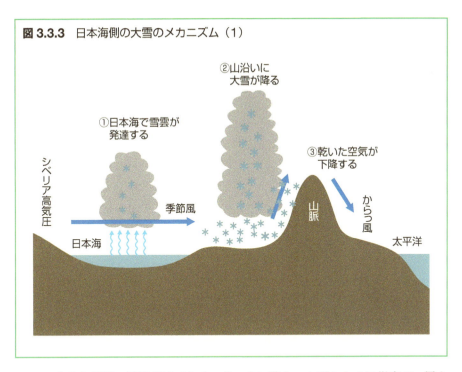

図 3.3.3 日本海側の大雪のメカニズム（1）

　すると家屋の倒壊だけでなく、その上に積もった雪のために災害が一層大きくなります。1666年の高田地震では豪雪のために積もった家屋が倒壊し、雪の中に埋もれた人も含めて、1500名を超える大きな犠牲が生じたことは2章でも述べました。

　地形的に見ていきますと、近畿地方の思わぬ場所でも豪雪が見られます。シベリア高気圧による北西の風は、日本海から若狭湾・敦賀湾、そして琵琶湖など比較的低地をとおり、伊吹山地、鈴鹿山脈などに到達する時に多量の雪を降らせます。そのため、東海道新幹線が岐阜県の関ケ原付近で降雪のため徐行運転を余儀なくされることもあります。

　伊吹山地で1927年に記録した1182cmの降雪量は世界最高レベルです。1976年度には雪によって新幹線の運休本数が年間635本を記録しましたが、現在では様々な努力によって、1994年度以降ゼロを継続しているそうです。ただ、新幹線のルートを決めた時に、滋賀県にも豪雪地帯があることを当時の国鉄は十分、理解していたのか疑問は残ります。

図 3.3.4 日本海側の大雪のメカニズム（2）

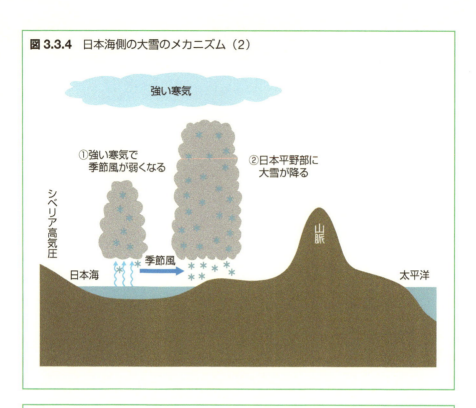

図 3.3.5 上越地域の豪雪の様子

図 3.3.6　高田城（上越市）周辺の豪雪の様子

雪崩の怖さ

　昔から山の遭難の原因になるなど、雪崩も大きな災害をもたらします。2017年3月栃木県那須町で高校生や引率教員8名が雪崩に巻き込まれ、犠牲となる痛ましい事故が発生しました。負傷者も40名に達しました。

　雪崩とは山間部の斜面に積もった雪が重力によって崩れ落ちる自然現象ですが、広い範囲に発生すると大きな自然災害になります。原因は様々ですが、気温の上昇などによって一部が溶けてしまったり、外力が加わったりするなど、何らかの理由で雪同士の接合が緩んでしまった時に発生します。当然ながら、緩やかな斜面よりも急な斜面の方が起こりやすくなります。

　これまでも雪崩によって多くの方が犠牲となっています。雪崩が列車を襲い、多くの方が亡くなった災害も発生しています。1922年（大正11年）2月3日に北陸本線親不知駅－青海駅間の勝山トンネル西口で、雪崩の直撃によって発生した事故がそれです。この事故で90名が犠牲になりました。当時、糸魚川町近辺で2月に雨が降ることはあまりなかったにもかかわらず、この日は大雨であり、このような気象条件のため、傾斜面全部の雪が崩落する「全層雪崩」が発生しやすくなっていたと考えられています。

　先の栃木県でもそうですが、春が近づき、雪が溶けて滑りやすくなると雪崩地すべりが発生する可能性が高まります。また、この時期、暖かくなって降雪が降雨になると、同じ理由で雪崩地すべりが生じてしまいます。

3.4 河川の氾濫と溢水

外水被害と内水被害

　都市部で発生する水害には主に2種類のパターンがあります。まず、集中豪雨等によって河川の水量や水の勢いが増え、堤防が決壊する破堤によるものです。また、この時、河川の水量が増加し、堤防を越えて溢水して、流域に被害を与えることがあります。これらは外水被害とよばれ、水害の原因としては比較的理解しやすいものです。

　次に、地域の排水機能を超えて、降水が地下の水路から短時間で河川や海に十分流れることができず、路上などに溢れ出し、周辺に損害を与えることがあります。これを内水被害と呼びます。現在でも集中豪雨によって、都市域に発生することも珍しくありません。かつて高度経済成長期、都市化に伴ってこの内水被害は増加しました。つまり、大雨が降った時、昔のように地表が人工物などで覆われていなければ、降った雨の一部分が地面に吸収されることもあり、地表面に水が氾濫することも少なかった時もありました。

　しかし、地表面がコンクリートやアスファルトなどの人工物で覆われるようになると状況は大きく変わってきます。一般的に、降った雨はほとんどすべてが側溝などを通して地下の水道管を流れ、そこから河川を経て海に流れるような仕組みになっています。しかし、短時間に降水が側溝に一気に流れ込むと、地下の水道管はすぐに一杯になり、側溝から路上に水が溢れることが多くなってきました。河川の破堤や溢水が起こらずとも、床上浸水や床下浸水の被害が生じてしまいます。そのために放水路などが地下に作られるような治水対策が進んでいます。

　また、内水被害によって、新たな災害も見られるようになってきました。例えば、道路が水で溢れていて側溝が見えなくなったり、蓋が空いてしまったマンホールに気付かなかったりすることもあります。大雨の時に外出することの危険性がここにもあります。実際、大雨の様子を見にいって犠牲になる人が後を絶ちません。

　日本では現在、地下の放水路を巨大化したり、大きな空間を構築したり

して、対策に努めています。埼玉県春日部市に作られた地下都市のように見える「首都圏外郭放水路」は世界最大級の地下放水路といえるでしょう。意外なところでは、プロ野球広島カープのホームグランド、マツダスタジアムの地下にも貯留地が整備されています。

しかし、アジアの発展著しい地域では、地表面の人工物の著しい増加に比べ、放水路などの対策が十分整備されていないため、かつての日本のような内水被害に悩まされるようになっています。

土砂災害も起こりやすい日本の河川の特性

これまで紹介しましたように、豪雨は結果的に河川に集中するため、河川からの溢水や氾濫が水害の大きな原因となることが一般的です。日本列島では水害の原因の多くが河川に関係しています。しかも、下流部の沖積平野だけに水害が起きるのではありません。河川の働きには大きく、侵食・運搬・堆積の3つの作用があります。この作用が上流域などの水害に関連しています。

日本の河川には大きな特徴があり、諸外国と同じように考えることはできません。その特徴とは、諸外国の河川に比べて山から海への直線距離が短いという点です。図3.4.1 は、世界の代表的な河川の長さとその勾配を

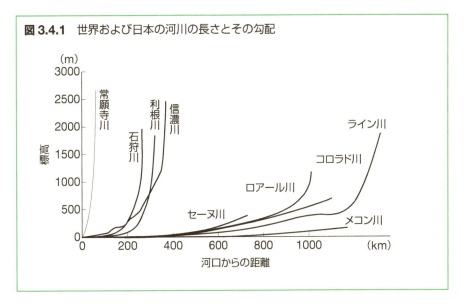

図3.4.1　世界および日本の河川の長さとその勾配

示したものです。

　日本の河川は全体的に見ると急傾斜を流れており、山間部から河口までの距離も短く、海外のような上流・中流・下流の区分が存在しないところも多いことがわかります。つまり、日本の河川は世界の基準で見れば河川の上流部に過ぎないともいえます。また、急流であるため、下方侵食の作用が著しく、大雨の時には上流域にも土石流の大きな被害が生じることもあります。

　明治の初期、河川改修のため、「御雇い外国人」として来日したオランダの技術者デ・レーケは、土石流発生後の富山県常願寺川の状況を見て「これは川でない。滝だ」と名言を残したくらいです。図 3.4.1 を見るとこのこともうなずけます。

　河川の傾斜が緩やかになってきますと、沖積平野などで河川は蛇行するようになります。少しでも河川が湾曲すると、河川の外側と内側で水の流れの速度に違いが生じます。つまり、外側では河川の速度が速くなり、側方侵食が著しくなっていきます（攻撃斜面と呼ばれます）。一方、内側では外側より流速が遅くなるため、砂などの堆積作用が進みます（この堆積物はポイントバー堆積物と呼ばれます）。そのため、蛇行の湾曲は時間とともに大きく変化していきます。その後、集中豪雨などによって流速や水量が増加すると河川は短い経路を取るようになり、蛇行部は取り残され、三日月湖として残ることになります。図 3.4.2 にはこの様子を示しています。

　大雨で河川の流量や流速が増すと破堤しやすくなるのは、攻撃斜面と呼ばれる外側の堤防です。ちょうど、車やバイクでもカーブのきついところでスピードを出し過ぎると、曲がり切れず、外側の対向車線などに飛び出すのと同じ原理です。そのため、河川の護岸工事においては内側は施す必要がなく、外側だけが頑丈に整備されることが多くなっています。図 3.4.3 はそのような状況を示したものです。

　蛇行部分は、豪雨時に破堤することが多いため、河川改修では河川は河口に向かって直線化されることも一般的です。かつて、日本で最も長い河川は北海道の石狩川でしたが、繰り返して行われたこの種の河川改修の影響で流路が短縮化され、今では河川の長さ日本一の座を長野県から新潟県に流れる信濃川に譲っています。

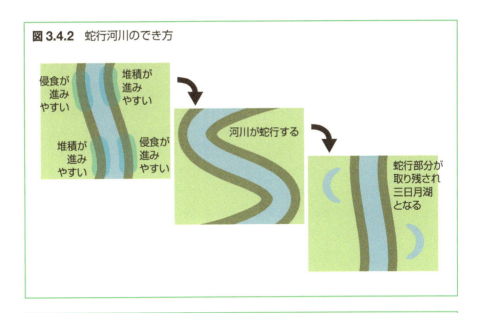

図 3.4.2 蛇行河川のでき方

図 3.4.3 河川の外側に施される護岸堤防

栗東市立葉山小学校　桑原康一教諭撮影

天井川と水害

　河川の上流部では、その急な勾配のため、侵食作用によって多量の土砂を生じます。場合によっては、中州に生えている植物や樹木をも運ぶこと

があります（これが橋梁などに引っかかり、河川の大きな流水のエネルギーを受け、橋桁を流してしまうこともあります。そのため、河川の中の樹木は時々、伐採も必要です）。一般的には、沖積平野を流れる河川の働きは侵食作用よりも堆積作用が大きくなることが普通です。水と一緒に上流から流された土砂も堤防の中に閉じ込められ、河底に土砂が厚く堆積することになります。そのため、水量の増加に対して堤防も高くせざるを得なくなります。これが繰り返されると、河底は高くなり、河川の水も平地より高い所を流れることになります。これがいわゆる「天井川」と呼ばれるものです。図 3.4.4 は天井川のでき方を示したものです。

この天井川が問題となるのは、一度破堤すると川の水がより低いところを流れることになり、汲み出すためにポンプなどが必要になることです。そのため、昔から川底の砂を取り除く浚渫工事が行われてきましたが、堆

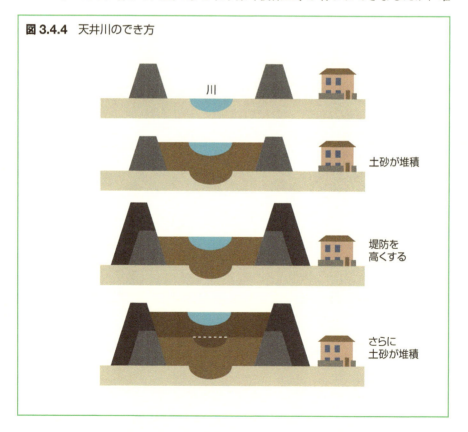

図 3.4.4　天井川のでき方

積作用の方が著しく追いつかないことも多くあります。

　上流に花こう岩地帯がある場合、花こう岩は風化しやすいため多量の土砂となって下流に流れてきます。このため、下流部に堤防を築くだけでなく、上流部の土砂の供出量が減るような治山などの対策も必要です。つまり、上流部の森林が伐採され過ぎると多量の土砂が生じ、下流の状況にも大きな影響を与えるのです。現在では植樹によって、いわゆる禿山は減っていますが、江戸時代や明治の初期には大規模な伐採がされ、これが下流での水害にもつながっていました。

3.5 気象に関する様々な自然災害

上昇気流と雷雲

　前節で上昇気流による積乱雲の発生について述べました。この積乱雲の発達によって様々な気象現象が生じ、それらが自然災害となることはこれまで見てきたとおりです。関連したその他の代表的な現象として雷があります。局所的な被害に思えるかもしれませんが、国内外を問わず、毎年、落雷によって亡くなったり、大きなケガを負う人がいます。雷は、注意報が発表されても警報はありませんから、雷注意報が発表されていたら、意識して危険予測や安全な行動を心がけておかなければなりません。

　落雷は強大なエネルギーを地上に放出します。雷雲は**図 3.5.1**に示したように、攪乱された上昇気流の中に生じます。雷雲の中で氷晶や雪の結晶が互いに衝突して、結果的に小さな氷晶や雪の結晶はプラスに帯電して雲の上部に集まり、霰のような大きな氷晶はマイナスに帯電して雲の下部に集まります。それらの間に電気が流れ、これが放電現象となって生じるのが雷です。

　日本列島の中でも、太平洋側と日本海側とでは雷が頻繁に発生する時期が異なります。太平洋側では夏、北太平洋高気圧が発達し、地上の温度が相対的に上がります。一方、高層では冷たい寒気が流れ込むと大気は不安定となって上昇気流が生じます。そのため上図のようなメカニズムで雷が発生しやすくなります。

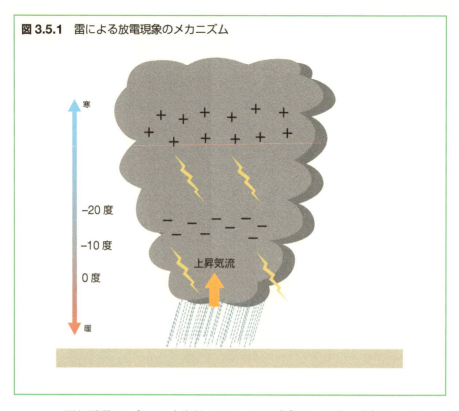

図 3.5.1 雷による放電現象のメカニズム

　同じ原理で、冬の日本海側ではシベリア高気圧の上空の寒気団に対して、日本海の水温は比較的暖かく、上昇気流が発生しやすくなります。その結果、落雷現象が見られ、寒気団が発達する夜〜夜中にも雷が多く発生します。日本海の水を大量に吸収し、これが先に述べたような豪雪の原因ともなり、「雪下ろしの雷（雪起こしの雷）」と呼ばれることがあります。

　雷は、周辺で最も高いものに放電しますが、そのエネルギーは大きく、人間に直撃すると死に至ることも珍しくありません。また、雷の直撃による被害だけでなく、近くに高いものがあると**図 3.5.2**に示したように側撃による被害も発生します。

　大雨が降り雷が発生している状況で、木の陰に避難することが大変危険であるのは、上のような理由によります。大きな石の近くに避難しても、石からの側撃を受けることもあります。雷の音が聞こえたら、晴れていてもできる限り早く、建物や車の中に避難する必要があります。近くに避難

図 3.5.2 直撃と側撃

する場所がなければ、低い姿勢をとることが求められます。

　雷の被害は狭い範囲に発生するとはいえ、複数の人が同時に犠牲となることがあります。1987 年 8 月上旬には、高知県沖でサーフィン中の高校生の首にかかっていた金属製のペンダントに雷が直撃し、周囲の人たちも合わせて 6 名が犠牲になるという事件もありました。

　国内で、一度の落雷で大きな被害が生じた例として、長野県西穂高岳落雷遭難事故があります。これは、1967 年 8 月上旬に西穂高岳付近で登山中の高校生の集団に落雷して発生した事故です。長野県松本市の高校生の登山パーティーは、北アルプスの西穂高岳で教員の引率による集団登山を行っていました。途中、天候が悪化し、雹まじりの激しい雷雨となったため避難をはじめましたが、その途中に雷の直撃を受けました。これにより生徒 8 名が即死、生徒・教員と会社員 1 人を含めた 13 名が重軽傷を負い、生徒 3 名が行方不明となりました。一度にこれほどの死者・負傷者が出た落

雷の前例は当時の記録になかったため、大きな衝撃を与えました。学校登山の歴史に残る大惨事であり、長野県下ではこの事故の影響で登山行事を一時的に中止したり、または廃止したりした学校が見られました。

　また、雷による最高裁の判決が学校教育現場の対応を変化させたこともあります。1996年8月上旬、大阪府高槻市で開催されていた高校のサッカーの試合中、選手が落雷の直撃を受けて怪我をし、障害が残りました。本人と家族は大会主催者と引率顧問を訴えました。1審2審は予見不可能として原告の請求は棄却されましたが、最高裁では、1審2審の判決をくつがえし、雷の予見は可能であったとして大会主催者と引率顧問の責任を認めました。最高裁は、黒く見える雲はその密度と厚さが大きく、かつ活発であることが多いため、概ね落雷の危険性を予見できると指摘しました。

　黒く見える雲をより詳しく考察すると、電荷が蓄積するには雲中の対流運動などの激しさが条件となるため、落雷が近い時には積乱雲の直下などで、いわゆる雷雲と呼ばれるような黒い雲が見られるようになります。また、温暖前線・寒冷前線の通過時などに落雷が多く発生することがあります。

　先のサッカー試合中の雷事故判決以降、教室外で行う学校行事や教育活動、例えば運動会・体育祭、グランド内の運動は、雨が降っていなくても雷の音がしただけで一旦中止をすることになっています。

竜巻・突風のメカニズム

　近年、日本でも竜巻によって多くの犠牲者が出ています。例えば、2006年11月に発生した北海道佐呂間町の竜巻では犠牲者が9名、大型トラックが飛ばされるなどの被害が発生しました。近年の不安定な気象条件により、上昇気流の発生に伴う積乱雲に起因することが注目されていますが、この積乱雲も寒冷前線や台風に伴って発生します。

　アメリカでは、列車や住宅を吹き飛ばし、自動車も100メートル以上ふっ飛ばしてしまうトルネードと呼ばれる竜巻が現れます。このような竜巻は、**図3.5.3**に示したような大規模な「スーパーセル（supercell）」によるものです。大規模な竜巻を発生させる特殊な積乱雲「スーパーセル」は、通常の積乱雲と異なり、スケールも大きく、寿命も平均的な積乱雲の10倍以上も長いといわれています。スーパーセルでは上昇気流に加え、暖

かく湿った空気の流入が特に持続し、下降気流が別の場所で起こるというメカニズムが明らかとなっています。また、スーパーセルは特色として、一般風の鉛直軸の周りに回転する渦ができること、低気圧性（上から見て反時計回り）に回転していることが挙げられます。大気中の垂直方向、または水平方向の異なる2点間で風向きや風速が大きく異なることをシアといい、鉛直シアのある環境では水平軸周りの渦が発生し、それが鉛直軸回転に変化してスーパーセルとなります。

　日本では、スーパーセルによる大規模な竜巻はまれですが、アメリカでは次に述べる自然環境から大規模な竜巻が頻発します。スーパーセルなど竜巻が生じやすいオクラホマ州付近などのアメリカ中西部は、北極からの寒気団とカリブ海からの暖気団が衝突する地域です。つまり、北側から来る寒気団と南に発達している暖気団がぶつかることによって竜巻が発生しやすい条件は日本と同じといえます。しかし、アメリカに竜巻が多いのは、

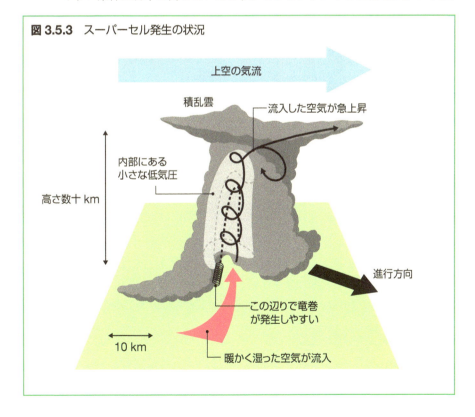

図3.5.3　スーパーセル発生の状況

表 3.5.1 藤田スケール

F0	17〜32 m/s (約 15 秒間の平均)	テレビのアンテナなどの弱い構造物が倒れる。小枝が折れ、根の浅い木が傾くことがある。非住家が壊れるかもしれない。
F1	33〜49 m/s (約 10 秒間の平均)	屋根瓦が飛び、ガラス窓が割れる。ビニールハウスの被害甚大。根の弱い木は倒れ、強い木は幹が折れたりする。走っている自動車が横風を受けると、道から吹き落とされる。
F2	50〜69 m/s (約 7 秒間の平均)	住家の屋根がはぎとられ、弱い非住家は倒壊する。大木が倒れたり、ねじ切られる。自動車が道から吹き飛ばされ、汽車が脱線することがある。
F3	70〜92 m/s (約 5 秒間の平均)	壁が押し倒され住家が倒壊する。非住家はバラバラになって飛散し、鉄骨づくりでもつぶれる。汽車は転覆し、自動車はもち上げられて飛ばされる。森林の大木でも、大半折れるか倒れるかし、引き抜かれることもある。
F4	93〜116 m/s (約 4 秒間の平均)	住家がバラバラになって辺りに飛散し、弱い非住家は跡形なく吹き飛ばされてしまう。鉄骨づくりでもペシャンコ。列車が吹き飛ばされ、自動車は何十メートルも空中飛行する。1 トン以上ある物体が降ってきて、危険この上もない。
F5	117〜142 m/s (約 3 秒間の平均)	住家は跡形もなく吹き飛ばされるし、立木の皮がはぎとられてしまったりする。自動車、列車などがもち上げられて飛行し、とんでもないところまで飛ばされる。数トンもある物体がどこからともなく降ってくる。

平地が広大というのも大きな要因になっています。日本のように山が多い場所では風の逃げ道がたくさんでき、一定方向の風向きが生じる前に分散されるのです。

　突風も局地的な現象ですが、時に災害を引き起こします。なお、日本では突風や竜巻など風の強さは以下の **表 3.5.1** のような藤田スケールが用いられます。1971 年にシカゴ大学教授の藤田哲也博士が提唱したものです。

干ばつの怖さ

　前節を中心にこれまで、降水量の「多さ」がもたらす災害を見てきました。しかし、歴史的に見ますと、主に稲作農業で生計を立ててきた我が国

にとって、逆に降水量が少ないために大きな災害が発生する時があります。これがいわゆる干害です。

　水が不足するとあらゆる農作物の生育に悪影響を及ぼします。干ばつに襲われると現代でも稲作農業にとって死活問題となります。干ばつの記録は古い文献にも見られ、江戸時代だけでなく、明治時代以降も水争いが多く起こっていました。具体的な例には、上流側と下流側との河川の水利をめぐる紛争が挙げられます。これも1つの二次災害と考えることができるでしょう。

日照時間、放射冷却と霜

　とくに冬の夜、天気がよく、雲がない日は気温が急激に下がり、朝、霜が降ります。晴れた夜、気温が低くなるのは主に有効放射によって地面を含めた地上の物体の表面温度が下がり、その低温の地面等に空気が触れることによって空気が冷やされるからです。雲があると放射冷却が起こりにくいメカニズムは図3.5.4に示しました。

　霜とは日中、大気中に含まれていた水蒸気が、日没後、気温の低下によって氷の結晶となり、地面や植物などの表面に付着したものです。各地域の

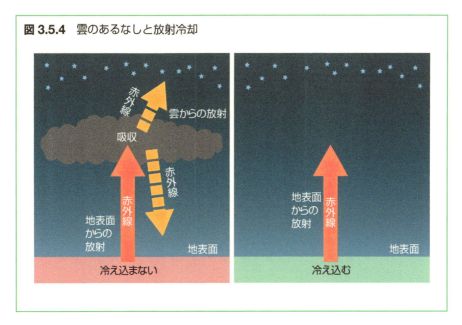

図3.5.4　雲のあるなしと放射冷却

気象台では、霜によって農作物に著しい被害が予想される場合に、「霜注意報」を発表しています。例えば、晩春から初夏にかけて降りる季節はずれの霜（晩霜）による被害が予想される時などです。霜が降りるのは気温3℃以下の時が多いとされています。水は0℃で凍るのに、気温3℃で霜が降りるのは少し疑問に思います。これは、一般に気温は地表面から1.5 mの高さで観測されており、放射冷却されている地表面の温度よりも高いためです。

なお、地中の水分が毛細管現象により地表に上昇しながら凍ったものが霜柱です。図3.3.5に霜柱のでき方を示します。地上の気温が0℃以下になると、地表面の水分が凍ります。暖かい土の中で地中の水分が毛細管現象により次々と地表面に引き寄せられ、引き寄せられた水は氷となり、表面の氷を押し上げます。これらが繰り返されて霜柱が作られます。長いものでは10 cmを超えることもあります。砂や砂利のように、粒と粒のすき間が広いと、水分が上がりづらいため、霜柱はできにくいとされています。

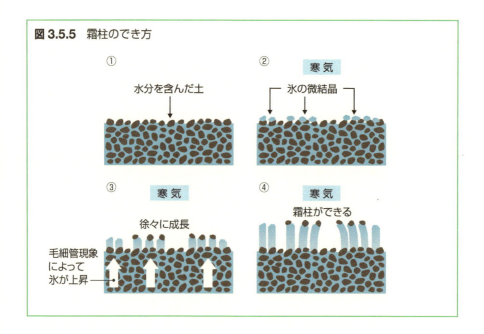

図3.5.5　霜柱のでき方

様々な農業への影響

　農作物に影響が多いのが、数十日にわたって気温の低下が続く天候です。特に冷夏では被害が発生します。冷夏とは、平年に比べて気温の低い夏のことを示し、気象庁による30年間のそれぞれの年の状況を3段階に分けた3階級表現で6月～8月の平均気温が「低い」に該当した場合の夏のことです。これには日照時間の少なさも挙げられます。稲作農業では、イネの生育には多量の水とともに太陽からの熱量が不可欠で、日照時間が少なくなると、干ばつと同様の災害が生じます。

　その他にも、害虫が大量発生し、農作物が大きな被害をこうむったという古い記録もあります。これも災害の一種といえるでしょう。

濃霧

　気象台では、濃霧によって交通機関に著しい障害が起こるおそれがある場合に、濃霧注意報を発表しています。一般に地方気象台では、視程（水平線の空を背景とする適当な大きさの黒い目標を識別できる最大距離）が陸上で100 m以下、海上で500 m以下となる時に発表します。

　夜間に晴れて風が弱い時、明け方から朝のうちにかけて霧が発生しやすくなります。霧が濃くなり視程が悪くなると、飛行機の離着陸や車の運転に支障がでます。

　「霧」と「もや」はどちらも地表近くに小さな水滴が浮遊している現象です。両者は水滴の密度による視程の違いで区別されます。「霧」は視程が1 km未満になった場合で、「もや」は視程が1 km以上10 km未満の場合です。なお、霧がさらに濃くなり、視程が陸上で100 m以下、海上で500 m以下の場合を「濃霧」と呼びます。

フェーン現象による気温の上昇

　日本でも40度を超す気温が観測されることがあります。例えば埼玉県熊谷市と岐阜県多治見市では、2007年8月16日に40.9度を観測しました。これにはいくつかの原因がありますが、共通の原因としては内陸部のフェーン現象をあげることができるでしょう（なお、40.9℃というのは日本の観測史上2番目の記録で、1番は2013年8月12日高知県江川崎で記

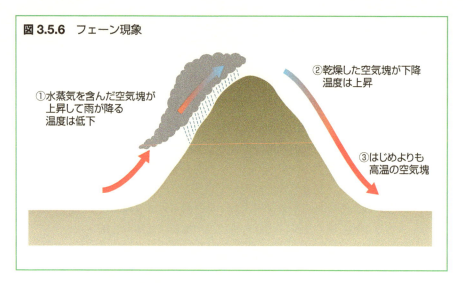

図 3.5.6 フェーン現象

録された 41.0℃ です)。

　フェーン現象を簡単に説明すると次のようになります (**図 3.5.6**)。まず、水蒸気を含んだ空気塊が、山脈などの一方のふもとから山腹に沿って上昇し、その山腹で雨を降らせて山頂まで達します。その後、この空気塊は反対側の山腹を下り、ふもとに到達します。この過程で空気は、山腹を上昇する時に温度が下がり、頂上を越えて反対側の山腹を下降する時に、温度が上がります。もう少し詳しく説明します。空気が上昇して温度が低下するとき、その温度の変化は空気が湿っている時の下がる割合 (湿潤断熱減率と呼び、この場合、100 m 上昇するごとに 0.5℃ 下がります) となります。次に雨を降らせて雲が消滅した後、空気が下降して温度が上がる割合は、空気が乾燥したときの上昇する割合 (乾燥断熱減率と呼びます) となり、100 m 下降するごとに 1℃ 気温が上がります。そのため、最終的に同じ高さ (地上) に空気塊が戻っても、温度が上がることになります。

　フェーン現象は、戦前の 1933 年 7 月にも山形市で観測され、この時の 40.8 度という温度は先述の 2007 年まで日本最高気温でした。

　フェーン現象が火災につながることもあります。1955 年 10 月に 1200 戸が焼失した新潟大火もフェーン現象で空気が乾燥していたことも大きな原因の 1 つでした。

3.6 地球温暖化と気象災害の影響

地球温暖化とは何か

　地球の温暖化は、様々なところで、自然災害の発生や拡大に影響を与えるといわれています。本当に地球は温暖化しているのでしょうか。

　まず、図 3.6.1 を見てください。これは、第四紀と呼ばれる今から 260 万年前からの氷期と間氷期とを示したものです。これによると最も近い時代には、ギュンツ（約 33～47 万年前）、ミンデル（約 23～30 万年前）、リス（約 13～18 万年前）、ウェルム（約 1.5～7 万年前）と呼ばれる 4 度の氷期があったことがわかります。今から約 1.5 万年前のウェルム期という最終氷期やそれが終わって人類の文化が旧石器文化、日本ではその後縄文文化と開花していったといえるでしょう。

　このグラフを見ると現在は最終氷期の後の間氷期と考えることもできます。つまり、この後、地球が再び寒くなり、氷河期に向かっていくことも否定できません。

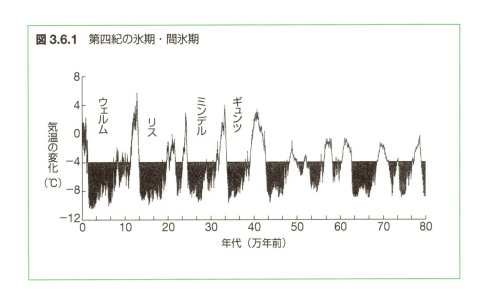

図 3.6.1　第四紀の氷期・間氷期

縄文海進時の地球温暖化

　縄文時代は今から約1万2000年前〜約2500年前、つまりその後の弥生時代から現在までの約5倍の長さにわたって続いていました。いかに日本の文明・文化が加速度的に進んできたかがわかります。この長い縄文時代の中では、自然環境も大きな変化も起こりました。温暖の時代と寒冷の時代です。温暖な時期は、山岳氷河などが溶け出して海水面が上がり、現在の沖積平野の場所まで深く海が入り込んでいました。これを縄文海進といいます。図 3.6.2 は縄文海進の時の日本列島の様子です。逆に、寒冷の時期は海が引いていました。これを縄文海退といいます。

地球は温暖化しているのか

　ここで、地球は温暖化しているのかについて話を戻しましょう。p.88 の図 3.2.7 は、近年の地球の表面の気温を示しています。確かに、ここ数10年を見る限り、気温は上昇しているといえるかもしれません。しかし、この原因は何でしょうか。

　よく指摘されるのが二酸化炭素の増加です。これには石油や天然ガス、石炭などの化石燃料の大量消費などが原因とされています。図 3.6.3 は二酸化炭素の量をグラフ化したものです。先のグラフと合わせ、二酸化炭素の増加によって温暖化が進むと懸念され、二酸化炭素の排出量の規制が論議されています。

　この数十年に限っては、二酸化炭素量が増加し、地球の平均気温が上昇しているのは事実かもしれません。二酸化炭素が増加すると温室効果によって地球上の温度が上昇すると考えられています。太陽からの波長の短い紫外線は地球上に到達した後、地球から波長の長い赤外線として宇宙空間に放出されます。しかし、赤外線は二酸化炭素に吸収されるため宇宙空間に放出されず、地表面にとどまったままとなり、地表面の温度は上昇するというわけです。

　ただ、地球表面の気温に影響を与えるのは二酸化炭素だけではなく、図 3.6.1 からも、長期的に考えた場合、簡単に判断ができないのも事実です。

図 3.6.2　縄文海進時の日本列島

3.6 地球温暖化と気象災害の影響 | 111

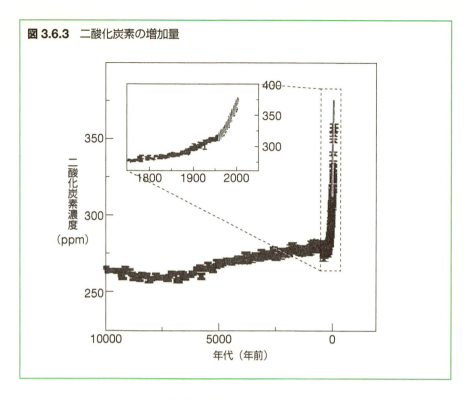

図 3.6.3 二酸化炭素の増加量

エルニーニョ現象とラニーニャ現象

　海洋と気象とが相互に影響を及ぼし合うことがあります。エルニーニョ現象やそれと反対のラニーニャ現象も大気と海洋の相互作用によって生じるものです。

　図 3.6.4 に、赤道付近の太平洋の通常の状況をモデル的に示しています。この図のように海面水温を東西に見ますと、西側が東側より高温になっています。これは、東風の貿易風によって温かい海水の表面の層が移動するからです。その影響で、海水の暖水層は西側で厚くなっています。赤道付近の太平洋の西側では暖水層が大気を温め、上昇気流によって低気圧を作るので、東側からの貿易風は継続的に流れてきます。さらにこの影響で東側の海水は深部から冷水が上がり、それが西へ吹く貿易風によって西側の方へ流れていきます。その結果、赤道からより海面水温の高い南北両半球に向かう流れを作ります。

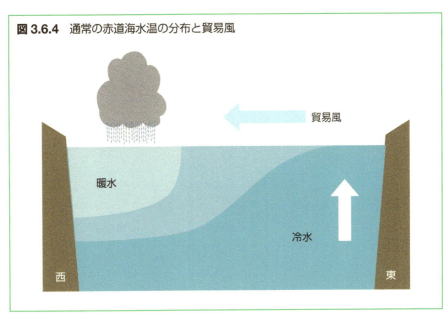

図 3.6.4　通常の赤道海水温の分布と貿易風

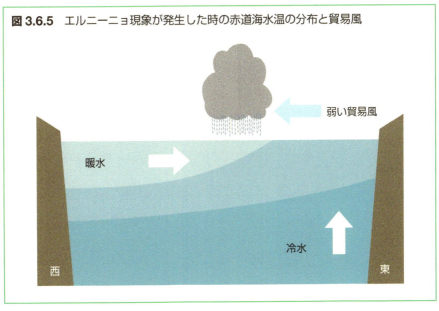

図 3.6.5　エルニーニョ現象が発生した時の赤道海水温の分布と貿易風

　ところが図 3.6.5 のように、例年よりも貿易風が弱まると赤道の太平洋付近の東側の暖水層が厚くなり、東側の深部からの海水の上昇も弱ってし

まいます。これがエルニーニョ現象の始まりです。暖水層が通常よりも太平洋の東部の方に移ると、東側からの貿易風の弱い状態が維持されてしまいます。そのためエルニーニョ現象も継続されます。

エルニーニョ現象が発生しますと、日本では、夏の北太平洋高気圧が弱くなるために、梅雨明けの遅れや夏の平均気温の低下といった現象が起こります。一方、冬には、日本付近で亜熱帯高圧帯が強まり、寒気が南下しにくくなるなど、季節風が平年に比べて弱くなり、気温が高くなることが多くなります。

エルニーニョ現象とは逆に、東側からの貿易風の吹き込みが例年よりも強く、赤道の太平洋付近の東側の海水温が平年よりも低くなった現象をラニーニャ現象と呼びます（**図 3.6.6**）。ラニーニャ現象が発生すると、エルニーニョ現象とは逆の天候となります。

以上のように、赤道太平洋はエルニーニョ現象、ラニーニョ現象を繰り返しています。海水温の変動とともに、熱帯太平洋の気圧の東西の大きさもシーソーのように数年周期で変動しています。このことから南方振動と呼ばれますが、南方振動は貿易風の強弱に大きく関わり、エルニーニョ現象・ラニーニャ現象とも連動しているので、まとめてエルニーニョ・南方

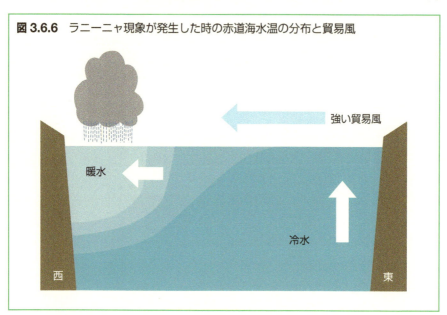

図 3.6.6　ラニーニャ現象が発生した時の赤道海水温の分布と貿易風

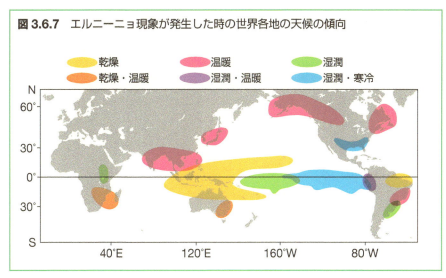

図 3.6.7 エルニーニョ現象が発生した時の世界各地の天候の傾向

振動といわれます。

また、これらは赤道太平洋だけでなく、世界の多くの地域の天候に大きな影響を与えます。**図 3.6.7** は、エルニーニョ現象が発生した時に生じやすい世界各地の状況です。なお、北半球は冬、南半球は夏の時期を示しています。

太陽活動と地球への影響

地球表面に大きな影響を与えるのはやはり太陽といえるでしょう。その周期的に変化する太陽活動が地球に及ぼす影響を、太陽放射以外の違った点から捉えてみましょう。太陽表面の活動も周期を持っています。

磁気嵐（**図 3.6.8**）やデリンジャー現象なども太陽活動と関係し、地球上の人々に被害を与えます。デリンジャー現象とは、フレアと呼ばれる太陽表面での爆発が起こるなど太陽活動の激しい時に、X 線や紫外線、太陽電波や多量の荷電粒子が放射されて起こる現象です。1935 年、アメリカの通信技師、ジョン・ハワード・デリンジャー（John Howard Dellinger）が発表しました。これらは地球に到達すると、電離層を乱して電波通信を妨げます。地球から発信された短波長の電波は、電離層の電子密度の増大により吸収されてしまいます。

さらに、フレアから数日後、地球に到達した荷電粒子は地磁気の変化に

図 3.6.8　太陽風と地球の磁気圏

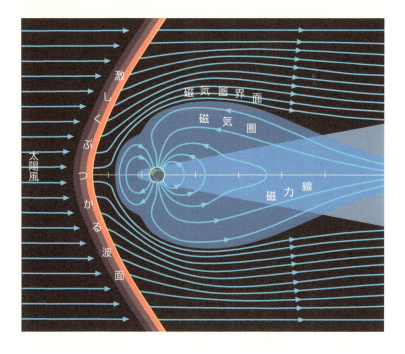

影響を与える磁気嵐、電波通信を妨げる電離層嵐を引き起こします。オーロラもこの原因によるもので、太陽からの荷電粒子が地球の磁力線に沿って加速され、北極や南極の高層の大気圏に突入して、そこの電離した大気に刺激を与えて発光現象を起こすものです。

3.7　土砂災害

　これまで見てきたように、日本列島は地殻変動が著しく、同時に山間部（山地と丘陵地）が国土に占める割合は約73％と大きくなっています。また、狭い面積の割には多くの人々が住み、そのため、中山間地域（平野の外縁部から山間部にかけての地域）や丘陵の開発も進んできました。その結果、土砂災害も他国に比べて、日本に多く発生しやすい特徴的な災害と

なっています。地盤を作る地質や岩石によっても発生する災害の種類が異なります。大まかにいって東日本では凝灰岩層を含んだ砂岩泥岩層、西日本では風化しやすい花こう岩帯が広がっており、これらが地域に歴史的に見られる土砂災害の原因ともなっています。しかし、たとえ地盤が、古生代・中生代に堆積されてできた岩石など、比較的古く強固だったとしても、急傾斜の斜面では土砂災害は起こります。

　加えて、これまで紹介したように、日本列島では台風や集中豪雨などの大雨が多く、これに伴って土砂災害が頻繁に発生します。そのことから、分類上、土砂災害は風水害の中に入れられることが一般的になっています。特に最近では線状降水帯が生じ、大規模な土砂災害が起こることもあります。

　さらに、土砂災害は集中豪雨の時だけではなく、地震などの強い衝撃によっても発生します。日本では、土砂災害を大きく、土石流、地すべり、崖くずれに分けています。ここでは、それらの発生のメカニズムを簡単に紹介します。

　なお、海外や研究者によっては、崖くずれや土石流なども、すべてを地すべりに含める場合もあります。また、火山の噴火に伴って生じる火山泥流、さらには溶岩流・火砕流までを土砂災害として捉えることもあります

土石流

　土石流とは、山体の一部が崩壊して生じた岩体や渓流の岩石などが水や土砂と一体となって流下する自然現象のことをいいます。図3.7.1 に発生しやすい状況を示します。土石流は斜面災害の中で最も恐ろしいものといってよいでしょう。その理由として、しばしば巨石を伴うため、破壊力が凄まじく、移動速度も大きいことが挙げられます。土石流の先端には巨石が集中し、ハンマーの先端部のように、進行方向に存在するものに襲いかかります。

　河川の水の中に土砂が混ざると密度が高くなって浮力が増し、河川の流速とも相まって、巨石まで動かすようになります。江戸時代、中山間部などで大災害となった事例が数多く残っていますが、それらしき記録はそれ以前にも頻繁に見られます。土石流を防ぐために作られた砂防ダムさえ破壊した例があります。1993年8月、鹿児島県では集中豪雨によって土石流

3.7 土砂災害 | 117

図 3.7.1　土石流の発生しやすい状況

が発生し大きな被害を受けました。特に 8 月 1 日と 6 日の 2 日で 71 名の方が犠牲となっています。

　土石流災害が生じた後の状態を見ますと、巨石と砂泥などが混在しており、どのような状況で地域に大きな被害を与えたのか、推測しにくい事例が多くあります。**図 3.7.2** は 2014 年の広島土砂災害後の様子を撮影したものです。この事例では巨石が最初に到達し、家屋に大きな被害を与えました。

　土石流は昔から様々な呼び方があります。例えば、「山津波」、「鉄砲水」や「蛇抜け」などです。長野県南木曽町では、「蛇抜けの碑（悲しめる乙女の碑）」が建立されています。これは 1953 年の土石流災害を後世に伝えるために、その 5 年後に建てられたものです。

　長野県だけでなく、全国的に見ても、「蛇抜」や「蛇崩」、「蛇走」など、災害の発生しやすい地域の地名に「蛇」の文字が使用されている例があります。これは大きな土石流の跡が、蛇が通り抜けたかのように見えるから

図 3.7.2　広島土砂災害によって大きな被害を受けた地域

秋田大学教育文化学部　川村教一教授撮影

です。

　大部分が花こう岩地帯からなる兵庫県の六甲地域には、昔から土石流災害が多く、谷崎潤一郎の名作「細雪」の中でも、その大災害の1つ、昭和13（1938）年の阪神大水害が出てきます。災害に遭った河川流域では、土石流で運ばれた花こう岩の巨石を水害記念碑としているところがあります。

地すべり

　地すべりは、時間的には土石流と比べてゆっくり進行しますが、その範囲は広く、地域全体に大きな被害を与えることも珍しくありません。典型的な地すべりの様子を**図 3.7.3** に示します。地すべりが発生する原因としては、地形とともに地質の影響が大きいといえるでしょう。地すべりを起こしやすい地層は中に凝灰岩層などを挟んでおり、地層と地層の境界面や地盤との接触面で少しずつ、移動することもあります。

　地下水の存在も無視するわけにはいきません。地下水の上昇で地下水圧が高まることによって、地層が傾斜方向に移動します。付近に断層がある場合も大きな影響を受けます。

　地すべりを起こす岩石の種類や地質も様々です。例えば、日本で最も地すべり危険個所の多い新潟県では、新第三紀の砂岩泥岩層がその原因の1つです。東北地方や北海道の緑色凝灰岩（グリーンタフ）の分布する地域でも地すべりが多発します。これらの岩石の中には膨潤性（水を含むと壊れやすい）の高いモンモリロナイトと呼ばれる粘土鉱物が存在することも無視できません。世界最長の吊り橋、明石海峡大橋も1つの橋桁の基盤は

図 3.7.3　地すべり発生地域のモデル図

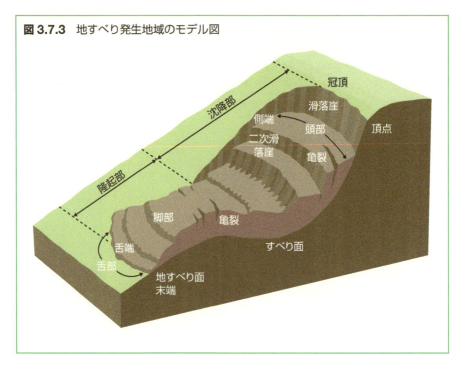

　モンモリロナイトを含む砂泥岩層ですが、近代的な工法によって固められたため、1995年兵庫県南部地震の震央近くにもかかわらず、大きな被害は出ませんでした。

　2004年に発生した中越地震では、山間地で多くの地域に地すべりや崖くずれが生じました。場所によっては、土砂が河川を堰き止めたため、そこが湖となり、水没した村落も出現しました。**図 3.7.4** の写真は中越地震時に発生した地すべりや斜面崩落地の様子です。

　先述のモンモリロナイトを含む土砂では、水を含むと崩れやすくなるため、大雨が降った後以外でも地すべりを起こしやすくなっています。例えば、雪国では、春先の融雪が生じた時に、雪解け水が地下に浸透して、雪崩地すべりなども頻繁に見られます。

　ただし、地すべりは人間生活にとって必ずしも不利益ばかりではありません。日本の原風景とも呼ばれる棚田は、この地すべりによって形成されることも多いのです（**図 3.7.5**）。

図 3.7.4 中越地震時に発生した地すべりや斜面崩壊

図 3.7.5 地すべりによって形成された棚田

崖くずれ

　崖くずれ（**図 3.7.6**）は、小規模でも住宅地のすぐ背後で発生すると大きな被害を与えます。これが崖くずれの特徴です。

図 3.7.6　崖くずれ

　崖くずれの発生も、集中豪雨などの降水や地下水など水の影響を大きく受けます。地震などの強い衝撃によって発生することも頻繁に見られます。兵庫県南部地震が発生した時には、いわゆる六甲花こう岩地帯が地震によって急激な衝撃を受けて、中山間部の住宅地に崖くずれが起きました。大きな地震によって地盤が緩んだ後、引き続き発生した余震や豪雨などによって、二次的に発生することもあります。

　先ほどの広島の土砂災害でも、風化しやすい花こう岩が原因の1つとなりました。日本の場合、活断層帯も多く、花こう岩が圧縮の力などを受けて、より風化されやすくなっています。また、岩石の種類にかかわらず、たとえ、中古生層などの古い時代に形成された固い岩盤であっても、急傾斜地では崖くずれなどの斜面崩壊が生じやすくなるのは、土砂災害が持つ共通のリスクです。

　2013年に初の特別警報が京都府や滋賀県などに発表されましたが、滋賀県栗東市ではこの時の豪雨によって大規模な崖くずれが起こり、犠牲者が出ました。崖くずれが発生した地盤は中古生層から古琵琶湖層群と呼ばれ

る決して弱い地盤ではありませんでしたが、急傾斜の影響が大きかったと考えられます。

崖くずれでも、異なった地層の境界に水がたまり、すべり面となることもあります。そのため、水がたまらないように、傾斜地では排水などに配慮されています。

中山間地の開発と斜面災害

かつては、人間が開発できなかったり、近づかなかったりしたところでも社会の要望や技術の発達などの影響で、宅造地が作られることも増えたことがありました。特に日本では高度経済成長期のころ、都市部近辺の丘陵地から中山間地にかけても宅地開発が行われました。近年の住宅災害は、自然環境、社会条件、技術の開発の中で発生したといってもよいでしょう。これらをまとめたのが **図 3.7.7** のようになります。

このように、最近開発された地域だけでなく、高度経済成長期に開発された住宅地でも今後災害が起きる可能性があります。先ほどの広島での土砂災害も住宅地そのものは 40 年前に開発された地域です。

また、大規模に宅地開発を行う場合、丘陵地、中山間地をなだらかにするのですから、山を削り（切土地）、谷を埋め（盛土地）、平坦にしなくてはなりません。この場合、盛土地では地震動の衝撃を受けやすくなり、大きな地震が発生した時、被害が集中しやすくなります（**図 3.7.8**）。大規模開発が行われた場合、一見してどこが盛土地か切土地かがわからなくなり

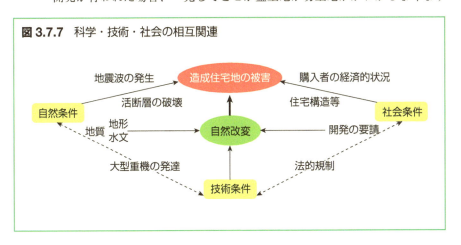

図 3.7.7 科学・技術・社会の相互関連

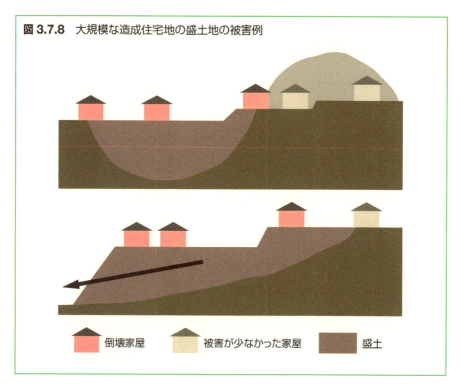

図 3.7.8　大規模な造成住宅地の盛土地の被害例
倒壊家屋　　被害が少なかった家屋　　盛土

ます。

　日本列島の場合、沖積平野から丘陵地、中山間地と山がちなところが多くあり、傾斜地に住宅を作ることも珍しくありません。雛壇状に住宅が並ぶのもよく見られます。しかし、この場合も大規模な衝撃で図 3.7.9 に示したように盛り土をした擁壁によっては損傷を受けることがあります。

　さらに、河川や湖を埋めて住宅地としたところもあります。ここでは、地盤の弱さに加えて、豪雨の時に水が表層の通り道になったり、水がたまりやすい場所になります。このように、かつての地形を想像することができなくなっても、自然災害が発生すると、過去の自然環境が明確になる場合が珍しくありません。そのため、人間と同じように、「土地の履歴」と呼ばれることもあります。

　図 3.7.10 の写真は阪神淡路大震災の時、丘陵地や山間部で発生した崖くずれによる被害の様子を示したものです。

図 3.7.9　開発された雛壇上の住宅被害

土砂災害に備える

　大きな自然災害などが発生した時は、防災担当大臣のもとに内閣府中央防災会議「防災対策実行会議」が開催されます。広島土砂災害が発生した 2014 年は、土砂災害によって国内で 100 名を越す犠牲者が出ました。そのため、同防災会議の下に「総合的な土砂災害対策検討ワーキンググループ」が設置され、2015 年 6 月にはそのとりまとめが公表されました。

　これらは各関係省庁および都道府県の関連部局への通達だけでなく、内閣府の Web ページへの記載など、広く公開されています。この時の土砂災害ワーキンググループのとりまとめの項目を少し見てみましょう（**表 3.7.1**）。

　この中でも、「1. 土砂災害の特徴と地域の災害リスクの把握・共有」に注目しましょう。これには地域の基本的な地質・地理学的な知識を習得し

図3.7.10 阪神淡路大震災時に発生した丘陵地の被害

ておくことが大切です。これがもとになって、他の4項目の意義が明確になります。3.に示されている「・防災教育の充実、人材の育成」にも上の知識は欠かせません。つまり、この報告でも科学技術や社会の発展に伴ったシステムの構築に加え、防災・減災には地域の自然環境理解に基づく個人の認識、行動が不可欠であることが読み取れます。

　今後も日本列島では土砂災害が繰り返し発生することが予想されます。一人ひとりに、土砂災害の理解と対応とが求められているといえるでしょう。

　近年では、大雨警報（土砂災害）が発表されている状況で、土砂災害発生の危険度がさらに高まった時に、都道府県と気象庁が共同で土砂災害警

表 3.7.1 内閣府中央防災会議「総合的な土砂災害対策検討ワーキンググループ」の報告（2015年6月）

1. 土砂災害の特徴と地域の災害リスクの把握・共有 ・土砂災害の特徴の共有 ・地域における土砂災害リスク情報の把握・共有 ・リスク情報の活用
2. 住民などへの防災情報の伝達 ・避難準備情報の活用 ・適切な時期・範囲の避難勧告などの発令 ・避難勧告などの情報の伝達方法の改善
3. 住民などによる適時適切な避難行動 ・指定緊急避難場所の確認など ・指定緊急避難場所の迅速かつ確実な開設 ・自発的な避難を促すための仕組み作り ・防災教育の充実、人材の育成・自主防災組織の重要性
4. まちつくりのあり方と国土保全対策の推進 ・土砂災害リスクを考慮した防災まちつくりの推進 ・平時からの国土監視 ・土砂災害防止施設の適切な整備・維持管理 ・森林の適切な整備・保全
5. 災害発生直後からの迅速な応急活動 ・救助・安否確認活動の効率化・迅速化 ・緊急的な応急復旧支援の実施 ・ボランティアの高度化と積極的な連携 ・被災者に対する心のケア

戒情報を発表しています。これは、市町村長の避難勧告や住民の自主避難の判断を支援するために、対象となる市町村を特定して警戒を呼びかける情報です。気象庁は、対象市町村内で土砂災害発生の危険度が高まっている詳細な領域については「土砂災害警戒判定メッシュ情報」で確認することを勧めています。周囲の状況や雨の降り方にも注意し、土砂災害警戒情報などが発表されていなくても、危険を感じたら、躊躇することなく自主避難が必要となります。そのため、日頃からこれらの情報に対して、素早く適切な対応がとれることを心がけていく必要があります。

内閣府土砂災害ワーキンググループの会議の様子

An Illustrated Guide to Earthquake, Eruption, and Abnormal Weather of the Japanese Islands

第4章

自然災害の発生と人間社会への影響

やまこし復興交流館（新潟県長岡市）

本書で繰り返して述べてきましたように、自然現象が人間や社会に被害や悪影響を与えた時、それは自然災害となります。ここで難しいのは自然現象が直接の災害の引き金となったとしても、それはあらかじめ予想ができなかったのか、対策を怠っていなかったか、また、結果的に災害が起きやすいように人間が自然に手を加えていなかったか等、その災害の原因を明確にすることです。これまでも大規模な自然災害が発生した時には、天災か人災かで大きく論議されてきました。災害の責任の所在が法廷の場に持ち越されることが多々ありました。

　自然災害が発生すると、直接的、間接的に被害や悪影響を受けるのは地域や周辺の人々だけではありません。社会全体にも大きな影響を与え、時には、国政など国家的な規模の大きなダメージになったり、場合によっては、政権そのものを代えてしまったりしたことも珍しくはありません。

　本章では、災害を通して、これからの人間活動や保全など、自然との共生に無視することができない内容を取り上げて考えていきます。持続可能な社会の構築のためには、今後も一層、自然と人間とのつながりや関わり方などを踏まえて、開発や防災・減災などに取り組んでいくことが求められます。

　まずは、災害の中でも、事故災害について触れてみたいと思います。第1章で見てきましたように、事故災害には原子力災害と火事災害（火災）があります。それぞれ、人災として、自然現象とは無関係に発生することがありますが、本書では、自然現象が災害の引き金となる場合に焦点を当てて、この2つの災害を見ていきます。

4.1 福島第一原子力発電所

福島第一原子力発電所事故

　東日本大震災発生後、これまでの地震や津波によって引き起こされた災害と異なり、より困難な対応に迫られているのが、福島第一原子力発電所事故です。帰還困難地区の解消など地域の完全な復興までに後何年かかるのか、発電所の廃炉まで、最終的にどれくらい費用や期間がかかるのか

等々、不明確な部分や様々な問題を抱えており、震災前の復旧までの遠い道のりとなっています。

しかし、地震や津波などによって、どのように福島第一原子力発電所が被害を受け、なぜ、周囲に甚大な影響をもたらすような状況になったのか、意外と知られていません。同時に、国内に多くの原子力発電所が存在していますが、稼働さえしていなければ原子力発電所は安全であるという誤解もあります。そこで、東日本大震災における原子力発電所事故について少し振り返ってみます。

東北地方太平洋沖地震が発生し、巨大な地震動によって原子力発電所も施設等に被害を受けました。しかし、この地震動だけで原子炉から放射性物質が漏出するほどの損傷を受けたわけではありません。

一方、福島第二原子力発電所も大きな被害を受けましたが、結果的に第一原子力発電所のような大惨事になることだけは防ぐことができました。

なぜ、このような違いが生じたのでしょうか。福島第一原子力発電所の事故の状況から見ていきましょう。まず、地震によって、運転中の1号機から3号機の原子炉は自動停止しました。原子炉は冷却させる必要がありますが、そのための外部からの電源は供給されなくなっていました。ただし、海水用ポンプや非常用ディーゼル発電機は正常に稼働し、冷却機能は維持されていました（**図4.1.1**）。ここまでは、想定内の対応であったと言えるでしょう。

しかし、その後発生した想定外の高さを超えた津波の襲来によって、海水用ポンプが損傷を受けました。さらに津波による所内の浸水のために、配電盤などの電気設備をはじめ非常用発電機、蓄電池などが故障したり流出したりして、所内電源は完全に喪失してしまいました（**図4.1.2**）。

このため、原子炉内部や核燃料プールに注水ができず、冷却ができなくなった結果、核燃料が自らの崩壊熱によって溶けだしました。結果的に、1〜3号機いずれも、メルトダウン（炉心溶融）が起こり、溶融燃料の一部が原子炉格納容器に漏れ出してしまいました。

一方、炉心を覆う核燃料収納被覆管が溶融し、被覆管をつくっていたジルコニウムと水とが反応して水素が大量に発生しました（**図4.1.3**）。これがたまって水素爆発を起こし、1、3、4号機の建屋等を吹っ飛ばすことになってしまいました。水素は最も軽い元素であることは知られていますが、

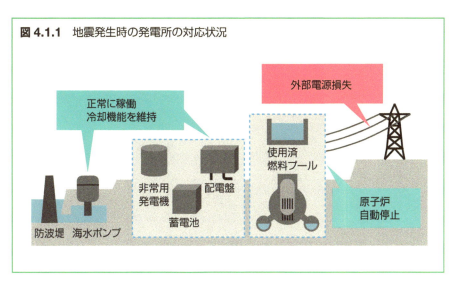

図 4.1.1　地震発生時の発電所の対応状況

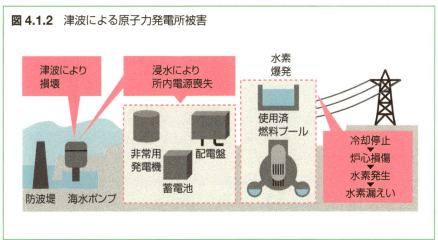

図 4.1.2　津波による原子力発電所被害

爆発しやすい気体でもあります。そのため、気球などではヘリウムガスが用いられます。

　このように格納容器の破損、冷却水漏れ、ベント（格納容器内の圧力を下げるための排気）の影響、さらには水素爆発によって、ヨウ素やセシウムなどの大量の放射性物質が放出されました。

　その結果、国際原子力事象評価尺度（INES）において、チェルノブイリ原発事故と同じ、最悪のレベル7（深刻な事故）と分類されています。

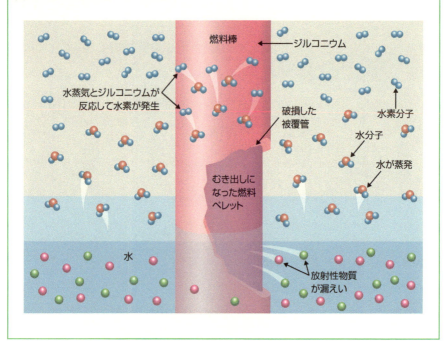

図4.1.3 原子炉内の水素の発生

チェルノブイリの現在が将来の福島の姿と言われることすらあります。

　政府は、福島第一原子力発電所から半径20 km圏内を警戒区域、20 km以遠の放射線量の高い地域も計画的避難区域として避難対象地域に指定しました。また、約1年後には、避難指示解除準備区域・居住制限区域・帰還困難区域に再編されました。帰還困難区域では、立ち入りが禁止され、この解除の見通しは不透明です。

　図4.1.4は、事故当初の状況です。放射性物質の範囲が北西の方に延びています。これは、放射性物質が空中に放散された時の風向きがこのような状況だったためです。つまり、この時の風の向きがその後の避難等に大きな影響を与えたと言えるでしょう。原子力発電所事故では風の向きによってその後の被災範囲が決まるのです。

　除染は事故後、福島県内の中で継続的に進められ、放射線量も一時に比べて減少しているのは事実です。ただ、除染とは地表面の放射性物質が付着した土砂を削り取ったに過ぎません。削り取られて保管されている土砂

図 4.1.4　事故発生後の放射性物質の飛散分布

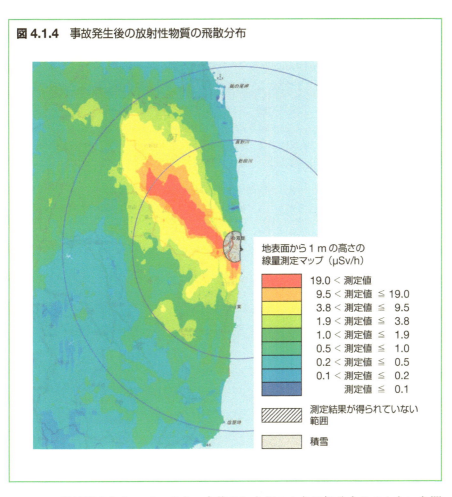

の量は膨大となっています。今後これをどのように処分するのかという問題は依然解消されたとは言えません。

原子力発電所の分布・立地状況と地質・地形

　日本列島には、全国各地に、と言ってよいほど原子力発電所が点在します。日本の場合、原子力発電所の冷却水の供給、発電所自体に必要な機材や原料の運搬等のために、海側に立地していることはよく知られています。
　立地場所の地質構造は常に注目されるところです。確かに福島第一原子力発電所の地盤も地表面を削り、比較的、強固な地盤の上に建てられてい

たと言えるかもしれません。しかし、結果的に、これが海面からの高さを低くすることになりました（もっとも海からの冷却水を高くあげるポンプの負担等も考えてのことでしょう）。

　福島県以外の他の地域においても原子力発電所の設置基盤となる地質はしっかりと調べられていたはずです。現在の日本列島において、多くの活断層が存在するのは中央構造線沿いであることは先に述べました。この中央構造線に沿った断層付近に存在する原子力発電所は、2017年に再稼働した伊方原子力発電所であり、また、その延長線上付近に立地する可能性があるのが鹿児島県川内原子力発電所です（**図4.1.5**）。

　日本のような活断層の多い場所では、建設時に原子力発電所の地盤調査が重視されています。それでも、愛媛県の伊方原子力発電所のように、建設時に活断層の調査が不十分であったとか、福井県の高浜原子力発電所のように、近辺の活断層が当時では不明であったなどの問題が生じてきまし

図4.1.5　中央構造線沿いの原子力発電所

た。また、中越沖地震での柏崎刈羽原子力発電所のように、想定外の規模の地震のため、発電所の土台から工事がやり直されたこともあります。

同時に、燃料・機材等の運搬、冷却水のことを考えると、臨海部の設置も理解できます。しかし、津波が原子力発電所にどのような影響をあたえるかを予想できなかったことが地震による被害の拡大につながったとも言えるでしょう。

現在、再稼働に向けての準備が進められていますが、東海地震も想定される原子力発電所では、どのような取り組みがなされているのでしょうか。静岡県の浜岡原子力発電所では、東日本大震災の教訓を生かして、22mの高さの堤防が建設されました。また、堤防を乗り越えたり、迂回したりして海水が入ってきた場合の対応も検討されています。ただ、膨大な建設や補修費用が積算されていることも無視できません。

4.2 地震の後に発生する大火災

地震と火災との関係

地震が発生すると必ずと言ってよいほど、火災が発生します。これは、近年や最近の地震に限ったことではありません。有史以来、地震の発生によって受けた被害よりもその後の火災による被害が大きかったと言ってもよいくらいでしょう。

1923年（大正12年）の関東大震災においても地震後の火災によって多くの人が犠牲になりました。10万人を超える犠牲者のうち、90％以上が火災によるものと言われています。ちょうど昼時で食事の準備で火を使用していた家庭が多かったこと、さらに地震が発生した後、風が強く火災が広がりやすかったことなどが被害を拡大したと考えられています。図4.2.1は関東大震災での焼失範囲です。

一方、1995年（平成7年）に発生した阪神淡路大震災においても火災によって甚大な被害が生じました。地震が発生したのは午前5時46分であることを考えると、多くの人が火気を使用していたとは考えられません。それにもかかわらず、阪神淡路大震災でも大規模な火災が発生しました。

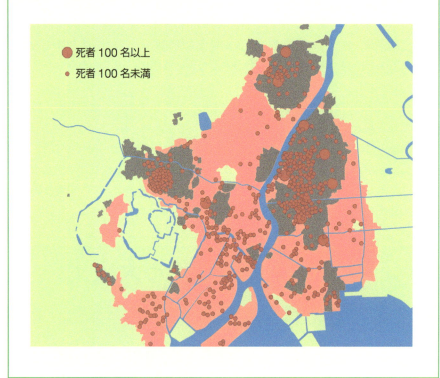

図 4.2.1　関東大震災での火災焼失範囲

　地震でガス管や電線等が破損したと考えられています。そこに何らかの条件で温度が上昇して延焼したという可能性です。

　意外なのは、津波が発生した時も同様に火災による被害が発生することです。明治三陸地震津波の時でも、「水攻めにあった地域が続いて火攻めにあった」と記録があります。東日本大震災発生直後、海から炎が襲ってくる気仙沼市や石巻市の映像によって、このことを初めて痛感した人も多いのではないでしょうか。ただ、東日本大震災では多くの車やバイク等が津波に流され、破損して石油等の燃料が海に流れ出したと想像できます。これに引火すると周囲の海が燃えたようになります。海には津波によって流された家屋からの木材片も多く流れましたから、ここにも燃えやすい状況が生じます。

図 4.2.2 津波による火災後の学校（石巻市）

4.3 歴史を変えた自然災害

神風神話の源流

　自然災害も、立場や見方が変わると、自然災害の発生に救われたと見なされることがあります。例えば、その1つに、いわゆる元寇と呼ばれる鎌倉時代の日本への元の大軍の襲撃の時が挙げられるでしょう。1274年の文永の役、1281年の弘安の役と呼ばれていますが、いずれも暴風のため、日本を襲った元の船が大きな被害を受け、日本は侵略されずにすんだ事件です。

　文永の役については、台風があったのかどうか疑わしく、最初から、長期間滞在する予定ではなかったとする史学者もいます。しかし、弘安の役では、実際に大きな台風があったと考えられています。以来、日本を助ける自然現象を神風と呼び、日本が大きな危機に陥った時、大風が吹き、助かると信じられていました。第二次世界大戦中末期の「神風特攻隊」はここからきたものです。

豊臣時代の2度の大地震

　戦国時代にも各地で頻繁に大きな地震が記録されています。地震が各地域の生活や経済に大きな影響を与えるのは、今も昔も変わりがありません。戦国時代の終わりころの豊臣秀吉の時代でも天正の地震（1586）と慶長の地震（慶長伏見地震、1596）と大きな地震が発生しました。

　天正の地震は、ちょうど小牧・長久手の戦い（1584）があったその後に、発生しました。その一連の戦いの後も、豊臣秀吉は大軍をもって徳川家康をなき者にしようと考えました。ところが、天正の大地震で秀吉の統治の基盤である近畿地方に大地震が発生したため、秀吉は家康と戦争しているどころではなくなりました。

　また、慶長の地震はちょうど、秀吉が朝鮮に大軍を送っていた時でした。正確には、文禄の役（1592〜）の講和を石田三成たちが進めていたころです。しかし、当時、京都を中心に近畿地方に大きな被害が生じ、秀吉がいた伏見城もこの地震で大きな被害を受けました。この地震の後、謹慎され

ていた戦争遂行派とも言える加藤清正が政権に復帰し、秀吉は地震の翌年、慶長の役（1597）と呼ばれるように大軍を再び、朝鮮半島に送りました。この地震、慶長の役が豊臣政権に悪影響を与えたのは述べるまでもありません。

　この2度の大地震がなければ、後の徳川政権が誕生したかどうかは定かではありません。歴史に「もし」という言葉はありませんが、もし、これらの地震が発生しなかったら、と思わず考えてみます。

阪神淡路大震災・東日本大震災と政権交代

　大地震が時の政権に大きな影響を与えるのは、過去だけのことでしょうか。近年に日本で発生した大きな地震と当時の政権を考えてみましょう。まず、本書でも何度も紹介してきました阪神淡路大震災です。当時1995年（平成7年）は村山社会党委員長が内閣総理大臣の時代でした。自衛隊の派遣が遅かった等をはじめ、被災者救援が不十分であることが指摘されました。

　そして、2011年（平成23年）は民主党政権の時代でした。東日本大震災発生時のリーダーシップが疑問視されました。特に、福島第一原子力発電所事故の対応は、当時の首相の指示等のため、発電所は事故対応に一層、

熊本城の加藤清正

混乱したとさえ言われています。

　その後、いずれも自由民主党の政権に戻っていますが、大地震の発生は政権に大きなダメージを与えます。大地震・大災害が発生すると政権は交代する、というわけではありませんが、もし、平成に入ってからのこれらの地震がなければ、その後の自民党政権（安倍首相）が復活したでしょうか。

　大地震が発生した時、政権が揺らぐのは200年経った今も変わらず、その点では先の徳川幕府と現与党である自民党の共通点があるかもしれません。

An Illustrated Guide to Earthquake, Eruption, and Abnormal Weather of the Japanese Islands

第5章

自然災害の歴史性、国際性

加治川治水ダム

「様々な自然現象を生み出す多様な自然環境」、そこに関わって人間が生活する限り、必ず自然災害が発生すると言ってよいでしょう。有史以来、人間は地球上の各地で生活を営み、文化を築く中で、数多くの自然災害に遭遇し、そこからの教訓を伝え、災害を回避する工夫や努力を積み重ねてきました。

この章では、自然災害に対する取り組みについて日本を起点にして、時間軸と空間軸から俯瞰します。時間軸として、日本の自然災害の歴史的な流れから自然環境と人間活動との関わりを整理します。空間軸として、地域から地球規模の広い範囲、つまり、国際社会の動向を踏まえながら、国を超えた近年の防災・減災への取り組みを検討します。

5.1 日本における自然災害の歴史

まず本節では、歴史的な流れの中で、自然災害への取り組みを考えることによって、防災や減災について過去からの教訓や今後の在り方を意識してみたいと思います。ただ、これまでも一部については触れてきましたが、日本の歴史を振り返って、各時代に自然現象がどのようにして自然災害となったのか、また、いかにしてそれを防ぐための努力を重ねてきたかを見ていくと、多様であり頻繁な災害に応じて記述も膨大な量となってしまいます。そこでここでは、水害を取り上げ、具体的には河川環境と人間活動との変遷を中心に見ていきます。本稿では、水害への取り組みを通して、自然と人間との関わりの流れや展開をつなげていくことを目的としますので、詳細な各時代や現在の各地域での個々の利水や治水事業については、他の書籍、文献等を参考にしてもらえれば幸いです。

稲作農業伝来と沖積平野の発達

第2章で紹介しましたように、稲作農業の伝来がそれまでの人々の日常生活や主な生産活動の場を丘陵や中山間地から沖積平野に移動させ、その結果、河川の氾濫や溢水を中心とした水害に悩むこととなりました。急激な洪水によって集落全体が埋没した弥生時代の集落跡も発掘されています。

日本に住んでいた人達は、貯蔵の可能な「米」という新たな食糧資源の

確保と引き換えに、利水・治水の試練を受けることになりました。弥生時代でも、柵や杭などで水を調整する意味はわかっていましたが、大規模な水害に対しては当時の技術では対応できず、銅鐸や鉄剣などを奉って祈りをもって河川を鎮めることくらいしかできませんでした。

　日本で初めて堤防が作られたことが記録に残っているのは、5世紀に、現在の淀川に沿って築かれた仁徳天皇の「茨田堤（まんだのつつみ）」についてです。この堤は、難波宮の東側に位置する政権の経済基盤であった稲作地帯が、洪水によって大きな被害を受けることを防ぐために築かれたものです。日本書紀には、日本で最初の困難な土木工事であったことが記されています。

　大陸からの技術者も建設に関わったことがわかっていますが、その景観全体を推測させるものは、ほとんど残存していません。同じ当時の構造物でも現在も残る大規模な古墳（例えば、仁徳天皇陵とされる大仙古墳）とその点が異なります。ただ、大阪府門真市堤根神社（図5.1.1）にはその一部と考えられる跡が見られます。

　文献の無かった時代に関しては、考古学的な遺物・遺跡しか当時の状況を推測する術はありませんが、過去の時代を遡った神話等にも、水害や治

図 5.1.1　門真市堤根神社に残る茨田堤跡

水を連想させる挿話が随所に現れてきます。例えば、ヤマタノオロチの伝説は「古事記」と「日本書紀」の両方に載っている神話の中でも著名なものです。ヤマタノオロチそのものは8つの頭と8本の尾をもつ怪物のことですが、これは河川での土石流災害を示すものとも考えられています。本稿でも述べましたが、土石流などの河川の大規模災害は、昔は大蛇に例えられたのです。さらに、出雲を舞台とした神話についても、現在の島根県斐伊川の氾濫や「草薙剣」を、たたら製鉄（山陰地方の花こう岩の中の磁鉄鉱を基として精錬する製鉄）と結びつけて解釈される場合もあります。

中世から近世への分離・分流工事

　仁徳天皇の時代以降も水害を防ぐために堤防が築かれましたが、中世のころの堤防は現存するものがほとんどありません。というのも、当時から治水には多くのエネルギーが割かれていましたが、今日のような連続した堤防が築かれるようになったのはもっと後の時代になってからで、当時は小規模なものしかありませんでした。

　戦国時代になって、「水を治める者は地域を治める者」と言われるように各地で様々な治水工事が展開されていました。有名な武将は治水工事でも功績を残しています。武田信玄の「信玄堤」や豊臣秀吉の「文禄堤」などはその典型的な例でしょう。

　「信玄堤」という名称は後に付けられたものであり、詳細な資料が残存するわけではありません。甲府盆地のほぼ中央部を流れていた釜無川は、豪雨になると甲府盆地に溢れ出していました。それを防ぐために信玄が信玄堤を築いたと言われています。「文禄堤」は、淀川の堤防としての機能だけでなく、京都と大坂とを短時間で結ぶ当時の軍事用の道路と考えてよいでしょう（**図 5.1.2**）。

　江戸時代になると大規模な河川工事が行われました。いわゆる分離・分流工事等がそれにあたります。それまでも堤防を高くする一方、川底の堆積物を取り除く浚渫工事が実施されていました。しかし、河川の氾濫、洪水による被害は繰り返され、抜本的な治水工事が必要となっていました。

　当時の代表的な治水工事をみてみましょう。まず、大坂（河内平野）平野での河川の付け替え工事です。大和川は現在の奈良県側から河内平野に出ると、西北〜北の方向に流れ、淀川と合流していました。そのため、こ

図 5.1.2 現在も残る文禄堤

の地域は頻繁に水害に悩まされていました。「河内」という言葉は、文字通り「河の内側」を示しています。

　大和川を西流させて、大坂湾に流すという考えは決して新しいものではありませんでしたが、それまでの技術では上町台地を削るのは容易なことではありませんでした。しかし近世になって、江戸時代の技術は、淀川と現在の大和川を分離させることに成功させました。いわゆる1704年に実施された大和川の付け替え工事です。**図 5.1.3** には、付け替え前の大和川と付け替え後の大和川の流向を示します。大和川の付け替え後、確かに河内平野の水害の規模は小さくなりましたが、決してなくなったわけではありません。水害に加え、皮肉なことに、その後は降水量が減り、むしろ干ばつによって水争いの記録が多く残っています。

　関東平野においても、江戸時代に利根川の付け替え工事が行われました。かつて利根川は南側に河川が流れていました。しかし、当時の江戸に水害が頻発し、そのため、利根川を東の霞ケ浦につなげ、太平洋側に流れを移動させました。このおかげで江戸での水害は減り、さらには、東北や霞ケ浦周辺の都市と江戸との物流もより便利になりました。

　しかし、江戸の水害は減少したものの、今度は茨城県側に利根川の氾濫・

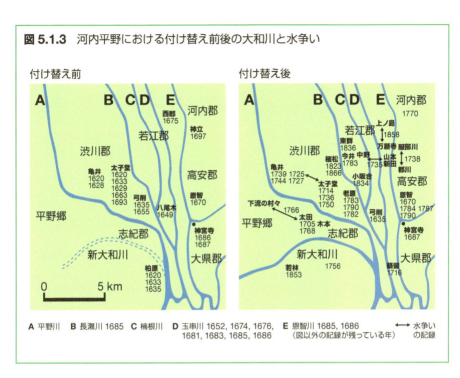

図 5.1.3　河内平野における付け替え前後の大和川と水争い

破堤による水害が増えました。利根川の氾濫による水害は近代に入っても起こっています。

　1783（天明3）年の浅間山の噴火によって、多量の火山灰が関東周辺の河川に流れ込み、噴火直後に吾妻川水害、さらには3年後の天明6年に利根川流域全体に洪水を引き起こしました。この浅間山噴火による利根川の河床上昇は各地での水害激化の要因となり、利根川治水に重要な影響を及ぼすことになります。火山噴火が水害につながる特殊な例と言ってよいでしょう。

　火山の噴火によって、多量の火山灰等が河川に流れ込んで洪水を引き起こす可能性は今日でも完全になくなったとは言えません。図5.1.5は、現在の浅間山などの火山と吾妻川、利根川との位置を示したものです。

　同じ時代に中部地方の木曽三川においても、分離・分流工事が行われました。木曽川・長良川・揖斐川の3河川は濃尾平野を流れていましたが、下流の川底が高く、地形の影響で三川が複雑に合流・分流を繰り返していたため、頻繁に水害が発生していました。

図 5.1.4　利根川の付け替え工事

　1753（宝暦3）年、江戸幕府は難関な治水工事を薩摩藩に命じました。このいわゆる宝暦治水によっていくらかの成果は見られました。しかし、様々な点で犠牲が大きかった薩摩藩の取り組みにもかかわらず、3つの河川を完全に分留することはできず、大規模工事の課題は次の時代に残りました。次の節でも触れますが、明治時代のヨハネス・デ・レーケなどのお雇い外国人によって、ようやく本格的に取り組まれます。

　江戸時代には、治水のための河川改修工事が江戸や大坂、尾張だけでなく、全国各地の地方都市でも行われました。例えば、現在の宮城県では北上川が、新潟県では信濃川下流で付け替え工事が行われました。これらの工事は稲作農業の生産性を高めるために大きな役割を果たしたのは事実です。つまり、江戸時代には、河川改修を治水だけでなく、農業を中心とした経済発展の観点からも積極的に取り組まれるようになったと言えるでしょう。

図 5.1.5 関東北部の火山と周辺の河川

　河川の水を一刻も早く海に流す方法として放水路がつくられてきました。これにもいくつかの方法があります。まず、河川の途中から海に近いルートをつくり、一部の水を早く水に流す方法です。

　東北最大の河川であり、全国でも第4番目の流路や流域面積を持つ北上川でも利水や治水のため、歴史的に甚大なエネルギーが注がれました。北上川の下流は、江戸時代以前は**図 5.1.6**（1）のような河川が流れていましたが、江戸時代になってからは、新田開発のために東側を開削しました。さらに治水とともに、産米を石巻に集めるため、追川、江合川、北上川を合流しました。石巻から江戸に米を送るための合理的なルートの開発と言ってよいでしょう。

　明治44年からの改修では、新北上川を東に流し、太平洋に注ぐように改修しました。これは、頻繁に洪水に襲われる石巻を守る抜本的な近代工事であったと言えます。しかし、新北上川では東日本大震災時に、津波が遡上し、河口から5km近くまで達して、児童、教員84名以上が犠牲とな

図5.1.6　付け替え前後の北上川

る石巻市立大川小学校の悲劇は以前に見てきたとおりです。
　先に触れた新潟県信濃川の下流でも、西側の日本海に注ぐように放水路を築く方法がとられていました。
　今でこそ、新潟平野は日本のトップレベルの稲作農業地帯ですが、江戸時代は信濃川等の氾濫を中心とした水害に悩まされていました。その頃の様子は**図5.1.7**に示します。
　新潟県の海岸側には、丘陵地帯や日本海からの強い風を起因とする砂堆（さたい）が広がっており、これを掘削するのは容易ではありませんでした。逆に河川はこの砂堆に沿って北東に流れ、この範囲で氾濫するために、田は大きな被害を受けていました。そこで、信濃川や県内の河川を早く日本海に注ぐ放水路がつくられました。
　江戸時代以降も新潟県内の河川を短距離で日本海に流すために、人工的

図 5.1.7 江戸時代の新潟平野と水害

な放水路がつくられ続けました。現在、新潟県内から日本海に注ぐ人工的な河川は、信濃川下流につくられた大河津分水路を含めて13本にもなります（**図 5.1.8**）。

明治期・お雇い外国人による治水事業

　常にその時代の最新の技術が導入されてきたのが治水でした。これは近代の明治以降になっても同様で、開国によって治水は一層進みました。明治維新後、新政府は日本の近代化を進めるため、外国から様々な技術者・科学者を高額な給料で雇い入れました。このような人達は「お雇い外国人」と呼ばれ、治水等の土木技術など、様々な分野で日本の科学技術の近代化に大きな役割を果たしました。

　オランダ人のヨハネス・デ・レーケはそのような一人でした。もともと港湾技術者でしたが、日本での河川改修や治水に取り組みました。先述の

5.1　日本における自然災害の歴史　│　153

図 5.1.8　新潟平野から日本海に注ぐ人工的河川

木曽三川の分離分流工事をはじめ、関西の淀川水系の治水にも大きな足跡を残しました。

デレーケの大きな貢献は治水を流域全体で捉え、河川の下流部の改修工事においても、上流域の治山を重視したことです。つまり、上流部に風化しやすい花こう岩が存在した時、上流部の堆積物の供給を止めなければ下流部の浚渫工事には、きりがないことを明確にしたのです。

実際、淀川の下流の治水を行った時も、桂川、宇治川、木津川 3 つの河川の中で、木津川の上流域の花こう岩地帯の植林の重要性を考えました。これらの考えに基づいて、木曽三川についても同じことを指摘しました。

高度経済成長期の水害と現在の治水

高度経済成長期には、公害を通して、科学技術と人間との在り方が問わ

れました。その代表的なものに4大公害訴訟があります。これらは、いずれも被害を受けた住民側の勝訴となりました。しかし、同時にこの時期には、水害訴訟も多く見られました。水害訴訟も地裁判決などで当初は住民側の勝訴が続きました。しかし、大阪府の大東水害訴訟の最高裁の差し戻し判決の後は、住民側の敗訴が続き、現在では水害訴訟は住民側の勝ち目がなくなっています。ここでその訴訟の分岐点となった大東水害を見ていきましょう。

まず、**図 5.1.9** はかつての深野池と大東水害による浸水区域です。大阪平野は縄文時代の河内湾から、河内潟、河内湖と水域は減少していきました。そして、江戸時代には深野池と新開池のみが残るようになりました。江戸時代の大和川付け替え後は干拓が進み、明治以降、大阪平野には一見すると以前に存在した水域は見られなくなりました。

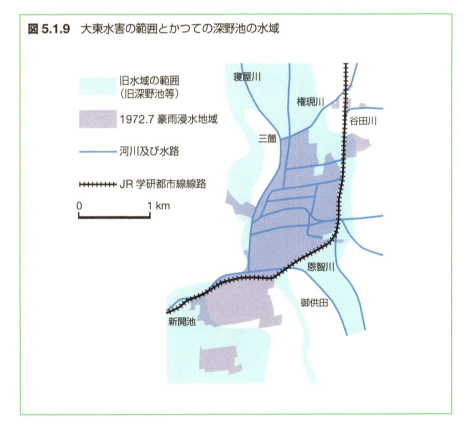

図 5.1.9 大東水害の範囲とかつての深野池の水域

このように大東水害は、かつての深野池という古環境が大きく関係したと言えるでしょう。ただそれだけではありません。同時にこの地域は高度経済成長期の地下水の汲み上げによって、大規模な地盤沈下が生じていた場所でもありました。かつての水域であり、水が集まりやすかった地域は現在でもその可能性がなくなっていないことを示す一つの例です。

　大東市の中で、水害を発生しやすそうな河川の近くに住む住民は、大阪府等に河川改修を強く求めていました。しかし、改修されないまま大東水害が発生したため、住民は訴訟を起こしました。地裁、高裁では、住民側の主張が認められましたが、最高裁では差し戻し判決となり、結局、国や府に瑕疵（法的に見た場合の欠陥・欠点、落ち度）はなかったという結論になりました。

　大東水害訴訟判決後は、訴訟対象となった周辺の河川の治水工事が進められました。具体的には、河川から水が溢れないように河川を矢板で囲むなどの方法です。しかし、局地的な治水だけでは、河川の氾濫をなくすことができません。流域全体を視野に入れる必要があります。そこで、その後は河内平野の河川流域に遊水池としての治水緑地や治水公園などもつくられるようになってきました。

　地表に遊水池をつくる空間的な余裕がない大都市のような場合、地下に遊水池や放水路をつくることもあります。地下の遊水池とは、デパートなどの地下駐車場が豪雨の時に貯水機能を持つことを考えて設計されたりします。

　昔から水害の多い河内平野（大阪平野）では、江戸時代の河川の付け替え後も水害が多く、巨大な地下放水路等がつくられています。これらを大和川の付け替え前など、江戸時代初期頃の大阪平野に書き重ね合わせますと**図 5.1.10** のようになります。

　沖積平野の広がる関東においても同様の対策に取り組まれています。先に紹介しました埼玉県の放水路は、その一つの例です。

　弥生時代以降、日本列島に住む人々は最新の技術を治水に投入しました。しかし、その時代に治水を施しても、次の時代にはさらに別の水害が発生します。歴史から考えると、今後も水害、治水を巡ってこのような河川環境と人間活動との螺旋的関係が考えられるでしょう。

図 5.1.10 江戸時代の水域と現在の治水施設

5.2 国連防災世界会議と日本の役割

　前節では、日本における自然災害について、水害を例にその人間活動の変遷を見てきました。確かに日本は自然災害の多い国ですが、今日、自然災害への対応が求められているのは日本だけではありません。国際的に見ても甚大な自然災害が頻繁に発生し、対策が急がれています。世界の平和と安全（安定）を希求する国際社会にとって、自然災害は大きな脅威となりつつあります。

　この節では、空間軸つまり国際的な視野から世界各地で発生する自然災害とその対策について俯瞰したいのですが、概略を示すだけでも膨大な量となります。そこで、近年の国連の対応に焦点を当てて考察していきます。

国連防災 10 年と第 1 回国連防災世界会議

　20 世紀後半には、開発途上国だけでなく、先進諸国でも自然災害に対する危機感が高まりました。そこで国連は 1990 年から 2000 年の間を国連防災 10 年とし、1994 年 5 月に神奈川県横浜市で第 1 回国連防災世界会議が開催されました。その会議では、自然災害の防止とその備え、減災に関するガイドラインとして「より安全な世界に向けての横浜戦略」が採択されました。

　2000 年には 10 年間の成果プログラムとして、国連国際防災戦略が国連総会によって設立され、スイス・ジュネーブの国連事務所にそれを実行するための事務局が設置されました。

第 2 回国連防災世界会議と ESD の 10 年

　皮肉なことに、日本で第 1 回国連防災世界会議が開催されたその翌年、兵庫県南部地震が発生しました。そこで、10 年後の 2005 年 1 月に兵庫県神戸市で第 2 回国連防災世界会議が開催されました。前年 12 月にインド洋スマトラ沖地震が発生し、20 万人以上の方が犠牲になったことも、自然災害や防災、そして、この会議への関心を高めました。日本でもその前年の 10 月に中越地震が発生していました。

　この会議での成果は、本稿でも紹介しました通り「国連持続可能な開発のための教育の 10 年」と連動して、2005 年から 10 年間の国連の取り組みとして「兵庫行動枠組（Hyogo Framework for Action; HFA）」が採択されたことでした。この内容は、日本が世界に防災の必要性を発信し、具体的に取り組む観点を示した点で意義があったといえるでしょう。この HFA をフォローアップするために、2007 年から 2 年に 1 度、2014 年の第 3 回国連防災世界会議まで、スイス・ジュネーブで国連防災世界戦略グローバルプラットフォーム会議が開催されました。**図 5.2.1** は第 1 回目のこの会議の様子で、井戸兵庫県知事が冒頭で趣旨説明を行っているところです。

東日本大震災と第 3 回国連防災世界会議

　ところが、国連持続可能な開発のための教育（ESD）10 年の最中の 2011

図 5.2.1　国連防災世界戦略第 1 回プラットフォーム会議

年 3 月に、東日本大震災が発生しました。そのこともあり、2015 年 3 月には第 3 回国連防災世界会議が被災地の仙台市で開催されました。国連の会議が一つのテーマのもと、同じ国で 3 回も連続して開催されるのは珍しいことです。

　その前年には、国連 ESD10 年の最終年度として、岡山と名古屋で国連ユネスコ会議が開催されました。ただ、国連 ESD の 10 年は、日本から国際社会に提唱し採択されたにもかかわらず、10 年間の中で国内でどれくらい浸透したのか疑問は残ります。そもそも「持続可能な開発のための教育」の意味がわかりにくかったので、「持続発展教育」とされたり、「持続可能な社会」が一般的になったりしました。つまり、「持続発展可能な…」がもともとの意味であったにもかかわらず、現実を反映して、「持続可能な…」という言葉が使われるようになっています。

　第 3 回国連防災世界会議では、兵庫行動枠組を引き継いだ国際的防災指針としての「仙台防災枠組 2015-2030」と今次会議の成果をまとめた「仙台宣言」が採択されました。また、文科省や内閣府（防災担当）等が主催した「防災教育交流国際フォーラム」でも次のような「仙台宣言」が採択されました。これは、今後の日本の防災教育の取り組むべき内容と考えま

5.2　国連防災世界会議と日本の役割 | 159

図 5.2.2　第 3 回国連防災世界会議（仙台宣言）

すので、以下にその内容を掲載します。なお、**図 5.2.2** は仙台での第 3 回国連防災世界会議の一コマです。

　『防災教育はすべての防災対策の礎である。自然災害を乗り越える力は、過去の経験、先人の知恵を学び、家庭・学校・社会において協働で日頃から実践し育んでいくわたしたち一人一人の能力にかかっている。その力を組織的に高める試みが防災教育である。わたしたちは、防災教育を積極的に進め、自然災害から尊い命を一つでも多く救い、多くの人々と協力しながら厳しい状況を克服していかなければならない。

　本日のフォーラムでは、日本と世界で防災教育に関わる多様なステークホルダー（注：利害関係者）による交流が行われ、様々な経験と教訓、および活発な発動が紹介された。災害を乗り越え復活する力を備えた「レジリエント（注：回復力のある）」な社会を構築するために、地域ぐるみによる防災教育を通じた地域防災力の向上が必要不可欠であることが確認された。私たちは、国内外のネットワークをもとに以下の活動に取り組み、第 3 回国連防災世界会議で採択されるポスト HFA（Hyogo Framework for Action；兵庫行動枠組）の推進に貢献していくことを宣言する。

　1. 国内外の被災地ならびに被災懸念地域と連携し、各学校や地域等での実践を支援し、経験を共有するとともに、学校防災・地域防災に

おける研究者・実践者の人材育成を進める。
2. 世界各国における自然災害リスクの軽減を念頭に、学校防災、地域防災に関して、東日本大震災を含む日本の大規模災害からの教訓を国際的に積極的に発信する。
3. ポストHFAにおいて、国連機関等が推進する「セーフスクール」の枠組みと連携し、国際的に展開可能な学校防災や地域防災に関する研究、実践、普及、高度化に貢献する。
4. レジリエントな社会の構築に向けて、「持続可能な開発のための教育（Education for Sustainable Development; ESD）」との連携を図りつつ、災害アーカイブ等の震災記録の活用を含む、「地域に根ざした」全ての市民を対象とする防災教育モデルの開発、実践、普及、高度化を目指す。』

防災を通した日本の役割

　これまで見てきたように、日本は国際社会に対して防災に関する様々な貢献をしています。最も端的に示しているのは、国連の拠出金です。**表5.2.1**は近年の国連の拠出金額とその割合の高い国から並べたものです。

　2016年度に日本は初めて割合が10%を切りましたが、現在194か国が加盟している国連の中でも依然としてアメリカの次に拠出額が多いことがわかります。この金額の割り振りは主にGDPから算出されています。と

表5.2.1　国連に対する拠出分担金（分担率%、分担額百万ドル）

	2014年			2015			2016		
	国名	分担率	分担額	国名	分担率	分担額	国名	分担率	分担額
1	米国	22.000	621.2	米国	22.000	654.8	米国	22.000	594.0
2	日本	10.833	276.5	日本	10.833	294.0	日本	9.680	237.0
3	ドイツ	7.141	182.2	ドイツ	7.141	193.8	ドイツ	7.921	193.9
4	フランス	5.593	142.7	フランス	5.593	151.8	フランス	6.389	156.4
5	英国	5.179	132.2	英国	5.179	140.5	英国	4.859	119.0
6	中国	5.148	131.4	中国	5.148	139.7	中国	4.463	109.3
7	イタリア	4.448	113.5	イタリア	4.448	120.7	イタリア	3.823	93.6
8	カナダ	2.984	76.2	カナダ	2.984	81.0	カナダ	3.748	91.8
9	スペイン	2.973	75.9	スペイン	2.973	80.7	スペイン	3.088	75.6
10	ブラジル	2.934	74.9	ブラジル	2.934	79.6	ブラジル	2.921	71.5

言っても、日本は既にGDP額が中国に抜かれているのでは、と不思議に思われる方が多いかもしれません。確かにそうですが、中国は長らく途上国扱いであったためこのような金額になっているのですが、いずれ中国が拠出金も日本を抜くことが予想されます。

しかし、拠出金に比べて、国際社会にリーダーシップを発揮しているかどうかは疑問があるでしょう。いずれにしても今後は、世界の平和と安全（安定）のために、金銭面だけでなく、特に防災・減災の点で発言力等を高めることが求められます。

防災・減災には災害に強いインフラづくりなどのハード面だけでなく、復興のための教育・啓発などのソフト面も重要です。日本の防災・減災の経験や知識が、持続発展可能な国際社会の構築に貢献することを期待しましょう。

終わりに

　本書を執筆している間にも国内外で様々な自然災害が発生しました。新たに痛ましい犠牲者や負傷者が生じたり、資産や財産を失ったりした地域とともに、多くの方々が災害後の対応に追われています。改めて自然のスケールの大きさと人間社会の先行き不透明な時代を超えた突然の自然界の現象に愕然とします。災害に遭われた方、現在も故郷や自宅を離れて、避難されている方々に心からお見舞いを申し上げるとともに一日も早い復興を祈念しています。また、今後も自然災害によって少しでも多くの人達が心身ともに傷つかないことを願っています。

　ただ、残念ながら私たちの願いとは逆に、今後も首都直下型地震や南海トラフ型地震のような広範囲にわたる大地震や大津波の発生が想定されます。加えて、日本各地に存在する活断層による急激な地震災害の発生、そして、毎年のように日本列島を襲う台風や集中豪雨によって、特別警報が発表されるような大規模な暴風や大雨が懸念されます。

　本書でも述べてきましたように、防災・減災に対する科学技術の発達や社会の発展は著しく進んできたと言えます。しかし、自然は人間の想像を超えるスケールと意外性を持っています。想定できないことも数多くあったり、未だに現代の科学では理解や対策ができないこともあったりします。また、逆に科学技術の発達や社会の要望が災害を拡大したり、これまでなかった不測の事態を招いたりすることがあります。そのような状況の中で、一人一人が自然災害を正しく理解し、日常から危険を予測したり、判断力を高めたりして備えていくしかありません。

　本書で綴ってきましたように、日本列島で安全に生活するからには知っておかなければならない自然現象の特徴やメカニズムは数多くあります。しかし、自然災害を知ることは、逆に豊かな自然現象も実感することにもつながります。むしろ、自然は日常的には多くの恵みを日本列島に住む人達に与えています。そもそも自然は人間だけに都合よくできているわけではないことを理解する必要があります。日本列島に住む限り、自然災害を意識して生活を送っていかねばならないと言えるでしょう。

　また、本書は、歴史的・時間的な観点から、主に日本の自然災害について取り扱ってきましたが、自然災害への対応は、今や世界の平和と安全（安定）に大き

な脅威を与える共通の課題となっています。つまり、国際的・空間的な観点から、自然災害を捉える必要があるでしょう。国際化時代、今後、技術面だけでなく、日本が防災・減災への教育や啓発などソフト面でも果たすべき役割や他国からの期待があります。

　本書で学ばれたことが、自然災害に対する防災、減災だけでなく、冒頭にも記しましたように、持続的に発展が可能な社会を築くために自然環境と人間活動との関わりを考え、読者の皆様の行動へ繋がることを願っています。近年、教育界ではグローバル人材の育成が謳われています。自然災害についてもこのことは大切ですが、同時に、地域の自然環境や災害に対応できるローカル人材の育成も重要となってきます。ここでは、自然災害に対するグローカル人材への期待とも述べておきましょう。

　最後になりましたが、本書の刊行にあたってご教示いただいた方々、また出版に、ご尽力いただきました講談社サイエンティフィク第二出版部大塚記央部長はじめ御関係の皆様に深謝いたします。

藤岡達也

参考文献

岡田義光編「自然災害の事典」朝倉書店，2007
北原糸子編「日本災害史」吉川弘文館，2006
村井俊治「東日本大震災の教訓」古今書院，2011
長岡市災害対策本部「中越大震災」ぎょうせい，2005
東京大学地震研究所監修「地震・津波と火山の事典」丸善，2008
西田一彦監修「大和川付替えと流域環境の変遷」古今書院，2008
京都大学防災研究所監修「自然災害と防災の事典」丸善，2011
渡辺偉夫「日本被害津波総覧 第2版」東京大学出版会，2011
高橋正樹「島弧・マグマ・テクトニクス」東京大学出版会，2008
平田直他「巨大地震・巨大津波」朝倉書店，2011
海津正倫編「沖積低地の地形環境学」古今書院，2012
山下昇編著「フォッサマグナ」東京大学出版会，1995
大矢雅彦「河川地理学」古今書院，1993
大竹政和他編「日本海東縁の活断層と地震テクトニクス」東京大学出版会，2002
水谷武司「自然災害の予測と対策」朝倉書店，2012
日本地形学連合編「兵庫県南部地震と地形災害」古今書院，1996
「シリーズ 繰り返す自然災害を知る・防ぐ 第1巻〜第9巻」古今書院
力武常次他監修「日本の自然災害500〜1995」日本専門図書出版，1998
磯﨑行雄他編「地学」啓林館，2013
小川勇二郎他「地学」数研出版，2013
藤岡達也編「環境教育からみた自然災害・自然景観」協同出版，2007
藤岡達也「環境教育と地域観光資源」学文社，2008
藤岡達也編「持続可能な社会をつくる防災教育」協同出版，2011

索 引

あ

会津磐梯山　61
始良カルデラ　66
秋雨前線　80
浅間山　65
アスペリティ　17
霰　77
有馬・高槻構造線　28
安政南海地震　48
伊勢湾台風　85
溢水　94
糸魚川・静岡構造線　33
稲作　71, 145
伊吹山地　91
ヴェゲナー　14
ウェルム　109
有珠山　58
雲仙普賢岳　60, 62
液状化現象　39
エコノミークラス症候群　27
S波　24
越後高田地震　43
江戸時代　147
エルニーニョ現象　114
大阪平野　156
大津波　45
オーロラ　116
小笠原気団　80
奥尻島　19

温室効果　110
御嶽山　59
お雇い外国人　153

か

外水被害　94
海嶺　51
火焔型土器　66
崖くずれ　121
花こう岩　122
火災　137
火砕流　61
火山前線　56
火山の形状　55
火山噴火　52
火山噴出物　61
火山分布　51
河川　95
活断層　19, 28
神風　140
雷　99
からっ風　89
過冷却　76
河内平野　156
干害　105
岩石　54
乾燥断熱減率　108
関東大震災　137
干ばつ　105
間氷期　109
鬼界カルデラ　66
気象庁マグニチュード　22
季節風　71
木曽三川　149
北アメリカプレート　17, 35

北上川　151
北但馬地震　38
北丹後地震　38
気団　78
逆断層　30
ギュンツ　109
局地的大雨　76
霧　107
切土地　123
近畿トライアングル　28
緊急地震速報　23
空気塊　75
熊本地震　23
雲　75
グリーンタフ　119
慶長の地震　140
ゲリラ豪雨　76
元寇　140
減災　126
原子力発電所　131, 136
攻撃斜面　96
降水　75
降水量　71
豪雪地帯　88
降雪量　88
構造線　33
コールドプルーム　16
国連拠出金　161
国連防災世界会議　157
古琵琶湖層群　122

さ

災害関連死　28
災害対策基本法　86
サイクロン　82

桜島　67
山間部　116
三陸沖地震　45
シア　103
磁気嵐　115
事故災害　6
地震分布　13
地すべり　119
自然災害　1
自然災害　6
持続可能　159
湿潤断熱減率　108
視程　107
信濃川　152
シベリア高気圧　89
霜　105
霜柱　106
上越市　90
常願寺川　96
縄文海進　110
縄文海退　110
昭和新山　56
初期微動継続時間　26
震央　22
信玄堤　147
侵食作用　3, 96, 98
震度　23
震度階　23
深発地震面　18
水害　94
水素爆発　132
スーパーセル　102
スーパープルーム　16
スコール　76
筋雲　89

正断層　30
赤外線　110
積乱雲　75
線状降水帯　81
前震　23
前線　78
全層雪崩　93
仙台宣言　159
想定外の地震　40
側撃　100

た

堆積作用　96, 98
大東水害　155
台風　82
台風の目　83
太平洋プレート　17, 19, 37
太陽　115
大陸移動説　14
高潮　46, 85
高田地震　43
竜巻　102
縦波　24
棚田　120
断層　30
地球温暖化　109
治山　99
治水工事　147
地表地震断層　29
中越地震　23, 43, 120
中越地震メモリアル回廊　43
中央構造線　33
中古生層　122
中山間地域　116
沖積平野　39

チリ地震　49
津波　45
梅雨　78
露　75
堤防　146
鉄砲水　119
寺田寅彦　1
デリンジャー現象　115
デ・レーケ　96, 153
天井川　98
天正の地震　140
洞爺湖　58
東洋のポンペイ　65
土砂災害　116
土石流　117
土地の履歴　124
鳥取県西部地震　42
利根川　148
豊臣秀吉　140
トラフ　19
トランスフォーム断層　31
トルネード　102

な

内水被害　94
ナウマン　35
雪崩　93
雪崩地すべり　93, 120
波の速さ　45
南海トラフ　19, 49
南方振動　114
新潟県中越大震災　43
新潟地震　39
新潟平野　152
二酸化ケイ素　54

二酸化炭素　110
西之島　57
日本海中部地震　19, 37
日本海東縁変動帯　19
日本列島　2
入道雲　75
熱帯低気圧　82
粘性度　54
濃霧　107
野島断層　28

は

梅雨前線　79
ハリケーン　82
榛名山　65
ハワイ諸島　53
阪神淡路大震災　137
晩霜　106
磐梯山　61
P波　24
雹　77
氷期　109
兵庫行動枠組　158
氷晶　76
フィリピン海プレート　19, 37
フェーン現象　107
フォッサマグナ　34
福井地震　38
福井城　39
福島第一　131
藤田スケール　104
プルーム　16
プルームテクトニクス　16
フレア　115
プレート　13, 35

プレートテクトニクス　16
噴火　51
噴火警戒レベル　61
噴火予知　67
噴火湾　58
文禄堤　147
蛇　119
蛇抜け　119
ポイントバー堆積物　96
貿易風　112
防災　126
防災対策実行会議　125
放射性物質　134
放射冷却　105
放水路　94, 151
宝暦治水　150
飽和水蒸気量　75
北海道南西沖地震　19, 37
ホットスポット　54
ホットプルーム　16
本震　23
ポンペイ　63

ま

マグニチュード　22
マグマ　54
マグマ溜まり　55
眉山　63
マリアナ海溝　19
茨田堤　146
マントル　16
マンホール　40
三方・花折断層帯　28
三日月湖　96
見祢の大石　61

三松ダイヤグラム　56
ミンデル　109
命名　41
メルトダウン　132
モーメントマグニチュード　22
もや　107
盛土地　123
モンスーン　71
モンモリロナイト　119

や

ヤマタノオロチ　147
山津波　119
大和川　147
有効放射　105
夕立　76
ユーラシアプレート　19, 36
雪下ろしの雷　100
揚子江気団　78
横ずれ断層　31
横波　24
余震　23

ら

雷雲　99, 102
落雷　99
ラニーニャ現象　114
リス　109
冷夏　107
六甲・淡路島断層帯　28
露点　75

わ

和達-ベニオフ帯　18

著者紹介

藤岡達也 博士（学術）

滋賀大学大学院教育学研究科教授。
東北大学災害科学国際研究所客員教授、大阪府教育委員会・大阪府教育センター指導主事、上越教育大学大学院学校教育学研究科教授（附属中学校長兼任）等を経て現職に至る。
大阪府立大学大学院人間文化学研究科博士後期課程修了。専門は防災・減災教育、科学教育、環境教育・ESD等。
（独）教員研修センター学校安全指導者養成研修講師等を長年務め、東日本大震災後は、文部科学省「東日本大震災を受けた防災教育・防災管理等に関する有識者会議」、「学校防災マニュアル作成委員会」、「学校防災参考資料 生きる力を育む防災教育の展開」等の専門委員、副座長、中央防災会議「防災対策実行会議」、「総合的な土砂災害対策検討WG」の委員等を務める。
著書「持続可能な社会をつくる防災教育」（協同出版）、「環境教育と地域観光資源」（学文社）、「環境教育からみた自然災害・自然景観」（協同出版）等多数。

NDC450　179p　21cm

絵でわかるシリーズ
絵でわかる日本列島の地震・噴火・異常気象

2018年2月9日　第1刷発行
2021年7月20日　第3刷発行

著　者	藤岡　達也
発行者	髙橋明男
発行所	株式会社　講談社

〒112-8001　東京都文京区音羽2-12-21
　　　　　販売　(03) 5395-4415
　　　　　業務　(03) 5395-3615

編　集　株式会社　講談社サイエンティフィク
　　　　代表　堀越俊一
〒162-0825　東京都新宿区神楽坂2-14　ノービィビル
　　　　　編集　(03) 3235-3701

本文データ制作　株式会社　エヌ・オフィス
カバー表紙印刷　豊国印刷　株式会社
本文印刷・製本　株式会社　講談社

落丁本・乱丁本は、購入書店名を明記のうえ、講談社業務宛にお送りください。送料小社負担にてお取替えいたします。なお、この本の内容についてのお問い合わせは、講談社サイエンティフィク宛にお願いいたします。定価はカバーに表示してあります。

© Tatsuya Fujioka, 2018

本書のコピー、スキャン、デジタル化等の無断複製は著作権法上での例外を除き禁じられています。本書を代行業者等の第三者に依頼してスキャンやデジタル化することはたとえ個人や家庭内の利用でも著作権法違反です。

JCOPY　〈(社)出版者著作権管理機構　委託出版物〉

複写される場合は、その都度事前に(社)出版者著作権管理機構（電話 03-5244-5088, FAX 03-5244-5089, e-mail: info@jcopy.or.jp）の許諾を得てください。

Printed in Japan
ISBN 978-4-06-154783-4

講談社の自然科学書

絵でわかる日本列島の地形・地質・岩石	藤岡達也／著	定価 2,420 円
絵でわかる世界の地形・岩石・絶景	藤岡達也／著	定価 2,420 円
絵でわかる地図と測量	中川雅史／著	定価 2,420 円
絵でわかるプレートテクトニクス	是永 淳／著	定価 2,420 円
新版 絵でわかる日本列島の誕生	堤 之恭／著	定価 2,530 円
絵でわかる宇宙地球科学	寺田健太郎／著	定価 2,420 円
絵でわかる物理学の歴史	並木雅俊／著	定価 2,420 円
絵でわかる地震の科学	井出 哲／著	定価 2,420 円
絵でわかるカンブリア爆発	更科 功／著	定価 2,420 円
絵でわかる地球温暖化	渡部雅浩／著	定価 2,420 円
絵でわかる宇宙の誕生	福江 純／著	定価 2,420 円
絵でわかる免疫	安保 徹／著	定価 2,200 円
絵でわかる植物の世界	大場秀章／監修 清水晶子／著	定価 2,200 円
絵でわかる漢方医学	入江祥史／著	定価 2,420 円
絵でわかる東洋医学	西村 甲／著	定価 2,420 円
新版 絵でわかるゲノム・遺伝子・DNA	中込弥男／著	定価 2,200 円
絵でわかる樹木の知識	堀 大才／著	定価 2,420 円
絵でわかる動物の行動と心理	小林朋道／著	定価 2,420 円
絵でわかる宇宙開発の技術	藤井孝藏・並木道義／著	定価 2,420 円
絵でわかるロボットのしくみ	瀬戸文美／著 平田泰久／監修	定価 2,420 円
絵でわかる感染症 with もやしもん	岩田健太郎／著 石川雅之／絵	定価 2,420 円
絵でわかる麹のひみつ	小泉武夫／著 おのみさ／絵・レシピ	定価 2,420 円
絵でわかる昆虫の世界	藤崎憲治／著	定価 2,420 円
絵でわかる樹木の育て方	堀 大才／著	定価 2,530 円
絵でわかる食中毒の知識	伊藤 武・西島基弘／著	定価 2,420 円
絵でわかる古生物学	棚部一成／監修 北村雄一／著	定価 2,200 円
絵でわかる寄生虫の世界	小川和夫／監修 長谷川英男／著	定価 2,200 円
絵でわかる生物多様性	鷲谷いづみ／著 後藤 章／絵	定価 2,200 円
絵でわかる進化のしくみ	山田俊弘／著	定価 2,530 円
絵でわかるミクロ経済学	茂木喜久雄／著	定価 2,420 円

※表示価格には消費税(10%)が加算されています。　　　　2021 年 4 月現在

講談社サイエンティフィク　http://www.kspub.co.jp/

巻末コラム　東日本大震災はじめ自然災害を風化させないために

　東日本大震災から7年が過ぎました。帰還困難区域の存在や復興への道程を考えると、改めて震災による大きなダメージを実感します。しかし、残念ながらマスコミ等の報道を見ても、年々取り上げられ方が少なくなってきているのは事実です。東日本大震災だけでなく、これまで大地震・大津波や噴火、豪雨による大きな被害が発生しても同じことでした。自然災害は時間とともに風化し、甚大な被害も忘れ去られてしまうことが珍しくありません。そのために、自然災害による悲劇は繰り返されてきたと言えるでしょう。教育や啓発によって、自然災害を風化させないことも本書の願いの一つでもあります。

　本書で何度も寺田寅彦の言葉を引用してきましたが、最も有名な言葉に「天災は忘れられたる頃来る」があります。この格言は高知県の寺田寅彦の実家の門前にも掲げられていますが、実際は寅彦の弟子でもある中谷宇吉郎が書き残したものです。毎年のように大きな自然災害が発生しており、多くの人は、「災害を忘れる」ようなことはない、と考えるかもしれません。しかし、寺田寅彦が言いたかったのは、自然災害の記憶や知識はあったとしても、それに対する防災の意識や備えを怠るようになっていれば「忘れている」のも同然である、ということでは、と思います。

高知県寺田寅彦の旧居宅（現在高知市保護史跡となっている）

　東日本大震災発生後、その記憶を留めておく方法の一つとして、震災遺構の保存が検討されました。特に津波の凄まじさを後世へ伝えることは可能でしょう。しかし、震災遺構を残すかどうか、被災地でも様々な議論がなされ

ました。遺族の方にとって、目にするのも辛いと言う人もおられ（もちろん、逆に残して欲してもらいたいと願う人もいましたが）、地元の自治体も保存に多額の費用がかかるなどの理由で、最終的には撤去されたものもあります。

　ここでは、それらの一部を含め、特に津波の凄まじさを感じさせる遺構を紹介します（既に現在では見られないものもあります）。南三陸では、波の高さがビルの3階まで達したことがわかります。コンクリートの壁が波によって剥がれ、鉄筋だけが剥き出しになった建物もあります（宮城県「南三陸町防災対策庁舎」など）。場所によっては、津波が到達した高さまで剥がれ、そうでなかった上階は残っている建物もあります（岩手県「たろう観光ホテル」など）。津波は車やバスまで押し流し、ちょうど津波の高さにあった建物の上に、取り残していったこともわかります。

大津波の衝撃

宮城県南三陸町

宮城県雄勝町

岩手県宮古市

巻末コラム 「特別警報」の運用

2013（平成25）年8月30日から特別警報の運用が開始されました。気象庁は、これまでも重大な災害の起こるおそれがある時に、警報を発表してきました。これに加え、東日本大震災での教訓を踏まえ、「特別警報」では、警報の発表基準をはるかに超え、重大な災害の起こる可能性が著しく高まっている場合に最大級の警戒を呼びかけることがねらいです。特別警報には、大雨、暴風、高潮、波浪、暴風雪、大雪の種類があります。特別警報が発表された場合、地域は数十年に一度の、経験したことのないような、重大な危険が差し迫った異常な状況にあります。そのため、ただちに命を守る、適切な行動をとる必要があります。

表にこれまで発表された特別警報を示します。口永良部島（くちのえらぶじま）での噴火、熊本地震などの時も発表されましたが、それ以外は全て「大雨特別警報」と関連しています。数十年に一度の規模の警報が、毎年発表されていることがわかります。沖縄県以外では、これまで同じ都道府県に発表されていませんが、日本列島のどこに発表されても不思議ではありません。

発表年月	自然現象名	特別警報の種類	対象地域
平成25年9月	台風第18号	大雨	京都府、滋賀県、福井県
平成26年7月	台風第8号	暴風、波浪、高潮、大雨	沖縄県
平成26年8月	台風11号	大雨	三重県
平成26年9月	（低気圧）	大雨	北海道（石狩・空知・後志地方）
平成27年9月	台風18号～（低気圧）	大雨	栃木県、茨城県
平成27年9月	台風17号	大雨	宮城県
平成27年10月	口永良部島の噴火	噴火	（鹿児島県）
平成28年4月	熊本地震	地震	熊本県
平成28年10月	台風18号	暴風、波浪、大雨、高潮	沖縄県
平成29年7月	梅雨前線	大雨	島根県
平成29年7月	梅雨前線	大雨	福岡県、大分県

巻末コラム　最近の豪雨による被害の例

　気象庁が命名した自然災害（p.42、表2.3.1）の中の「豪雨」を少し取り上げてみましょう。1995年以降、同じ名称を持った豪雨が短期間に2度発生していることが2地域で見られます。一つは2004（平成16）年と2011（平成23）年の新潟福島豪雨です。もう一つは2009（平成21）年と2017（平成29）年の九州北部豪雨（2009年は中国・北部九州豪雨）です。

　集中豪雨によって、河川が氾濫し、溢水したり破堤したりするメカニズムは本書で見てきたとおりです。被害に遭うとどのようになるのでしょうか。写真は平成16年の新潟福島豪雨後の教室です。近くの河川が破堤し、学校も浸水してしまいました。学校は災害発生時に避難所となることが多いのですが、場所によっては必ずしも適しているとは言えません。この時も最初は体育館に避難していた人達が校舎の2階に移動することとなりました。教室が浸水すると、床は長時間水にさらされ、床木は膨張して、写真のように飛び上がってしまいます。この状況は東日本大震災発生後、津波による海水が教室内に長く滞留していた時にも見られました。2015（平成27）年の関東・東北豪雨では、常総市で大きな水害が発生しました。この時も上のような被害を受けた学校がありました。災害後すぐに河川改修に取り組まれていますが、ハード面だけでなく、石碑のように教訓を伝える地域への啓発も重要です。

巻末コラム　　火山活動と景観

　本書では自然災害発生後の写真も掲載しました。災害の原因となる自然景観には重苦しさが感じられます。しかし、大きな災害をもたらす自然現象、例えば、火山噴火も人間が近くにいれば大変な被害を生じますが、噴火がない時の火山、また、過去に噴火があっても今はその可能性がない、かつての火山などは、人間に恵みを与えてきたのも事実です。富士山に代表されるように現在の火山も美しさを備え、観光地となっています。p.64 の図には気象庁の噴火警戒レベルの火山の分布を示しました。これらの地域には、国立公園・国定公園、ジオパークなどがあり、近年では国内外からの観光客が増加しています。写真左下は福島県の吾妻連峰と磐梯朝日国立公園に位置する浄土平、右下は熊本県阿蘇山のカルデラ内の様子です。

　また、かつての火山活動も景観を作っています。写真左下は、兵庫県の青龍洞です。この地域には柱状節理による多角形を呈した火山岩が見られます。特に隣接する玄武洞が有名です。右下は宮崎県の高千穂峡に見られる火山岩の柱状節理からなる渓谷です。滝とともに美しい景観に一役買っています。

巻末コラム　　地震による歴史的建造物の被害

　2016（平成28）年の熊本地震では、熊本城にも大きな被害が発生し、震災前の完全な復旧までには、まだまだ時間がかかりそうです（写真は地震以前）。これまでにも、1625（寛永2）年、火薬庫爆発、石垣被害、死者50名の被害や、1899（明治22）年の、城内、石垣破損、死者20名といった地震記録が見られます。

　歴史的な建造物には、地震による被害の記録が残っています。写真は、2011年（平成23年）春に再建され、幕末時代の日本で唯一赤い瓦に覆われた天守閣をもっていた会津若松城です。この城も1611（慶長16）年に発生した会津地震によって大きな被害を受けました。石垣が軒並み崩れ落ち、当時7層の天守閣が

傾いたと記録されています。会津での死者は約3700名にのぼり、城主蒲生秀行もこの心労によって倒れた（今日での関連死）と言われています。

　寺社では、1847（弘化7）年の善光寺地震が有名です。この年は御開帳の年であったため、多数の訪問者が犠牲になり、境内には「地震塚」が建てられました。本堂では、写真のように柱がねじれています。これは善光寺地震の影響とも、経年変化による変形とも言われています。

| 巻末コラム | 科学的リテラシーにもとづいた災害への備え |

　本書には、国内外で防災、減災についての取り組みが進んでいくことへの強い願いもあります。そのために、自然災害の発生に関する自然現象の基本知識やそのメカニズムの理解が重要であり、まず、それらについて紹介してきました。再三繰り返してきましたが、日本列島では様々な種類の自然災害が発生する可能性があり、地域や時期によっても異なります。身近な地域の自然環境、場合によっては社会環境も知ることが、防災、減災への取り掛かりです。これを踏まえて対策が講じられなくてはなりません。地震が発生して復旧までに時間がかかるのがライフライン、つまり、電気、ガス、水道などのインフラです。また、道路が遮断されたり、製造が止まったりしますと、食料やガソリン、日常品等の不足が生じます。最近では、地域の公共施設でも防災倉庫やかまどベンチ（写真）が見られ、各家庭に向けての防災グッズも販売されています。都道府県レベルで危機管理センターが設置されていることもあります。しかし、実際に何が必要なのかは、地域や家庭によっても異なります。災害が発生した時の地域や自分の周囲の状況を想定して準備しておくことが必要でしょう。

　また、避難訓練の実施や災害に備えたマニュアルの作成も各地域で行われています。しかし、これらも想定される災害に応じて、整合性を持った方法や内容が必要です。状況によっては、マニュアルとは異なった対応を取らなくてはならないこともあります。
　さらに、作成したマニュアルに沿って避難訓練を実施することで、それらの内容や方法の問題点が見えてくることもあります。常に改善の視点を持っ

たPDCAサイクル

Plan（計画）→ Do（実行）→ Check（評価）→ Action（改善）
の機能が求められます。ここにも科学的な知識や技能に基づいた実践や分析、評価が裏付けとなります。確かに、この慌ただしい時代、避難訓練を実施したり、マニュアルを点検したりすることは大変です。しかし、形式的な避難訓練やマニュアル作成を超えて、自然災害の発生を正しく知り、恐れることなく怠ることなく、科学的なリテラシーに裏付けられた今後の対応が望まれます。